高等院校海洋科学专业规划教材

海洋植物学实验

Experiments of Marine Botany

杨丽华　彭娟　石祥刚　李俊◎编著

中山大学出版社
·广州·

内容提要

海洋植物学实验是以海洋植物为基础的实验技术,是海洋植物学理论教学的实践,是开展海洋生物与环境相关研究的重要手段。本书力求将基础性与实用性相结合,书中包含了基本实验技能、海洋微型藻类观察、海洋大型藻类观察、综合实习实践和海洋植物图谱五大内容。本书注重通过对基本实验技能的训练,使学生掌握海洋植物学实验的基本操作;通过对典型微型和大型藻类的观察,使学生了解和掌握各门藻类的形态特征及认识代表性种类(属);通过综合实习实践,使学生巩固和加深所学的基础知识,为海洋植物学相关的科研和实践提供知识储备。

图书在版编目(CIP)数据

海洋植物学实验/杨丽华,彭娟,石祥刚,李俊编著. —广州:中山大学出版社,2021.5

(高等院校海洋科学专业规划教材)

ISBN 978 - 7 - 306 - 07179 - 8

Ⅰ.①海… Ⅱ.①杨… ②彭… ③石… ④李… Ⅲ.①海洋生物学—水生植物学—实验—教材 Ⅳ.①Q948.885.3 - 33

中国版本图书馆 CIP 数据核字(2021)第 063572 号

Haiyang Zhiwuxue Shiyan

出 版 人：	王天琪
策划编辑：	陈文杰
责任编辑：	陈文杰
封面设计：	林绵华
责任校对：	袁双艳
责任技编：	何雅涛
出版发行：	中山大学出版社
电　　话：	编辑部 020 - 84110771,84113349,84111997,84110779,84110776
	发行部 020 - 84111998,84111981,84111160
地　　址：	广州市新港西路 135 号
邮　　编：	510275　　　　传　真：020 - 84036565
网　　址：	http://www.zsup.com.cn　　E-mail：zdcbs@mail.sysu.edu.cn
印 刷 者：	佛山市浩文彩色印刷有限公司
规　　格：	787 mm × 1092 mm　1/16　10.25 印张　231 千字
版次印次：	2021 年 5 月第 1 版　2021 年 5 月第 1 次印刷
定　　价：	45.00 元

如发现本书因印装质量影响阅读,请与出版社发行部联系调换

《高等院校海洋科学专业规划教材》
编审委员会

主　　任　陈省平　王东晓　李春荣　苏　明

委　　员　（以姓氏笔画排序）

王东晓　王天霖　王江海　吕宝凤
刘　岚　刘维亮　孙晓明　苏　明
李　雁　李春荣　李朝政　杨清书
来志刚　吴玉萍　吴加学　吴明姆
何建国　邹世春　陈省平　陈保卫
易梅生　罗一鸣　赵　俊　袁建平
贾良文　夏　斌　殷克东　栾天罡
郭长军　龚　骏　龚文平　翟　伟

总　序

　　海洋与国家安全和权益维护、人类生存和可持续发展、全球气候变化、油气和某些金属矿产等战略性资源保障等息息相关。贯彻落实"海洋强国"建设和"一带一路"倡议，不仅需要高端人才的持续汇集，实现关键技术的突破和超越，而且需要培养一大批了解海洋知识、掌握海洋科技、精通海洋事务的卓越拔尖人才。

　　海洋科学涉及领域极为宽广，几乎涵盖了传统所熟知的"陆地学科"。当前海洋科学更加强调整体观、系统观的研究思路，从单一学科向多学科交叉融合的发展趋势十分明显。在海洋科学的本科人才培养中，如何解决"广博"与"专深"的关系，十分关键。基于此，我们本着"博学专长"的理念，按照"243"思路，构建"学科大类→专业方向→综合提升"专业课程体系。其中，学科大类板块设置基础和核心2类课程，以培养宽广知识面，让学生掌握海洋科学理论基础和核心知识；专业方向板块从第四学期开始，按海洋生物、海洋地质、物理海洋和海洋化学4个方向，进行"四选一"分流，让学生掌握扎实的专业知识；综合提升板块设置选修课、实践课和毕业论文3个模块，以推动学生更自主、个性化、综合性地学习，提高其专业素养。

　　相对于数学、物理学、化学、生物学、地质学等专业，海洋科学专业开办时间较短，教材积累相对欠缺，部分课程尚无正式教材，部分课程虽有教材但专业适用性不理想或知识内容较为陈旧。我们基于"243"课程体系，固化课程内容，建设海洋科学专业系列教材：一是引进、翻译和出版 *Descriptive Physical Oceanography: An Introduction* (6th ed)（《物理海洋学·第6版》）、*Chemical Oceanography* (4th ed)（《化学海洋学·第4版》）、*Biological Oceanography* (2nd ed)（《生物海洋学·第2版》）、*Introduction to Satellite Oceanography*（《卫星海洋学》）等原版教材；二是编著、出版

《海洋植物学》《海洋仪器分析》《海岸动力地貌学》《海洋地图与测量学》《海洋污染与毒理》《海洋气象学》《海洋观测技术》《海洋油气地质学》等理论课教材；三是编著、出版《海洋沉积动力学实验》《海洋化学实验》《海洋动物学实验》《海洋生态学实验》《海洋微生物学实验》《海洋科学专业实习》《海洋科学综合实习》等实验教材或实习指导书。预计最终将出版 40 多部系列教材。

　　教材建设是高校的基础建设，对实现人才培养目标起着重要作用。在教育部、广东省和中山大学等教学质量工程项目的支持下，我们以教师为主体，及时地把本学科发展的新成果引入教材，并以学生为中心，使教学内容更具针对性和适用性。谨此对所有参与系列教材建设的教师和学生表示感谢。

　　系列教材建设是一项长期持续的过程，我们致力于突出前沿性、科学性和适用性，并强调内容的衔接，以形成完整的知识体系。

　　因时间仓促，教材中难免有不足和疏漏之处，敬请不吝指正。

《高等院校海洋科学专业规划教材》编审委员会

前　　言

　　海洋植物是生活于海洋和海岸带环境中的光合自养生物。海洋植物是海洋生态系统中最主要的初级生产力，在全球物质与能量循环中发挥着极其重要的作用。海洋植物种类众多，形态大小差异较大，小到微型的单细胞藻类，大到具根茎叶分化的种子植物。海洋植物主要可分为海藻、海草和红树植物三大类群，且海藻依据其藻体大小可分为微型藻类与大型海藻。微型藻类肉眼不可见，海洋中只要光线所到之处，均有其分布，数目与种类很多，大部分行浮游性生活，少部分营底栖和固着生活。海洋微型藻类对于饵料生物培养、赤潮研究、污染物净化及生物活性物质提取等具有重要的应用和研究价值。大型海藻则指长在潮间带或亚潮带之中的肉眼可见的海藻，是所有藻类中最大也最具有经济价值的植物。海草是一类可以完全生活在海水中的高等被子植物，种类较为单一。红树植物又分真红树植物和半红树植物，是一类生长在热带海洋潮间带的木本植物。大型海藻场、海草床和红树林是全球最重要的三大海洋生态系统。

　　海洋植物学实验是以海洋植物为基础的实验技术，是海洋植物学理论教学的实践，是开展海洋生物与环境相关研究的重要手段。编者长期在教学和科研一线工作，结合海洋植物相关的教学科研内容，在整理使用多年的《海洋浮游生物学实验》和《海洋植物学实验》讲义的基础上，编写出本书。本书力求将基础性与实用性相结合，书中包含了基本实验技能、海洋微型藻类观察、海洋大型藻类观察、综合实习实践和海洋植物图谱五大内容。本书通过对基本实验技能的训练，使学生掌握海洋植物学实验的基本操作；通过对典型微型和大型藻类的观察，使学生了解和掌握各门藻类的形态特征及认识代表性种类（属）；通过综合实习实践，使学生巩固和加深所学的基础知识，为海洋植物学相关的科研和实践提供知识储备。

　　本书共分五章，第一章由杨丽华和彭娟编写，重点介绍海洋植物学研究过程中的基本实验技能，杨丽华负责光学显微镜的规范使用、微藻标本制作和显微观察、微藻显微计数和细胞大小测定、微藻分离和培养技术、叶绿素含量测定和植物绘图等内容的编写，彭娟负责海洋大型藻类样本制备及组织制片的编写；第二章由杨丽华编写，重点介绍中心硅藻、羽纹硅藻、甲藻、绿藻、蓝藻和金藻的形态特征及代表种类；第三章由彭娟编写，重点介绍大型红藻、褐藻和大型绿藻的形态特征及代表种类；第四章由杨丽华和彭娟编写，杨丽华负责海洋微藻生长抑制实验、海洋浮游植物生态调查和红树林生态综合考察的编写，彭娟负责海藻生物活性物质的提取和测定、海草场生态综合考察的编写；第五章中海洋微型藻类图谱由杨丽华整理，海洋大型藻类和海草图谱由彭娟整理，红树植物图谱由石祥刚整理。

  本书可供从事海洋植物学技术及相关专业的研究人员参考，也可作为海洋生物、海洋化学、海洋环境和海洋地质等学科的高校教师、研究生和本科生的科研和实践应用的参考书。本书的编写和出版得到了中山大学海洋科学学院领导及同事们的大力支持，编者特此表示感谢！感谢中山大学生命科学学院林里副教授提供了部分微藻图片，并在微藻种属鉴定过程中给予的无私帮助！本书在编写过程中参阅了相关文献与论著，如有疏漏，未在参考文献中列明的文献与作者，在此一并对原作者表示感谢。由于编者知识领域有限，本书难免有错误和不妥之处，还请广大读者海涵并不吝指正，我们将虚心接受并在再版时予以完善。

编著者

2020 年 12 月

目　　录

实验须知 …………………………………………………………………………… 1

第一章　基本实验技术 ……………………………………………………………… 3
第一节　光学显微镜结构及其使用规范 ……………………………………… 3
第二节　海洋微型藻类标本制作和显微观察 ………………………………… 8
第三节　海洋大型藻类样本制备及组织制片 ………………………………… 13
第四节　微藻显微计数法及细胞大小测定 …………………………………… 16
第五节　海洋微藻的分离和培养 ……………………………………………… 21
第六节　叶绿素含量测定 ……………………………………………………… 25
第七节　植物绘图方法 ………………………………………………………… 29

第二章　海洋微型藻类观察 ………………………………………………………… 31
第一节　中心硅藻的形态特征及代表种类 …………………………………… 31
第二节　羽纹硅藻的形态特征及代表种类 …………………………………… 42
第三节　甲藻的形态特征及代表种类 ………………………………………… 49
第四节　绿藻、蓝藻和金藻的形态特征及代表种类 ………………………… 55

第三章　海洋大型藻类观察 ………………………………………………………… 64
第一节　大型红藻的形态特征及代表种类 …………………………………… 64
第二节　褐藻的形态特征及代表种类 ………………………………………… 70
第三节　大型绿藻的形态特征及代表种类 …………………………………… 76

第四章　综合实习实践 ………………………………………………… 81
第一节　海洋微藻生长抑制实验 ……………………………………… 81
第二节　海藻生物活性物质的提取和测定 …………………………… 87
第三节　海洋浮游植物生态调查 ……………………………………… 93
第四节　海草场生态综合考察 ………………………………………… 100
第五节　红树林生态综合考察 ………………………………………… 103

第五章　海洋植物图谱 ………………………………………………… 111
第一节　海洋微型藻类 ………………………………………………… 111
第二节　海洋大型藻类 ………………………………………………… 138
第三节　海草 …………………………………………………………… 144
第四节　红树植物 ……………………………………………………… 145

参考文献 ………………………………………………………………… 151

实 验 须 知

一、实验室规则

（1）学生应按规定时间提前进入实验室，各自按指定位置就座。实验时禁止谈笑，保持室内安静。

（2）学生应根据老师的安排使用相应的仪器和设备，不得擅自动用或调换。使用过程中要注意爱护仪器与设备，严格按操作规程进行操作，如有损坏，应及时向老师报告。如属非正常损坏，需由损坏者赔偿。

（3）实验标本为全体同学共用，不得私自拿到个人实验桌上独用。取用标本时要轻拿轻放，量要适度，不宜取用过多，造成不必要的浪费。取用标本后的吸管应轻轻放回原标本瓶中。注意各标本瓶中的吸管不能混用，以免影响各种标本的纯度。

（4）实验结束后，每人应清理好自己的物品和实验桌，将所用的仪器（如显微镜）和制片标本擦拭干净后放回原处，用过的玻片、烧杯等玻璃器皿清洗干净，按规定交由老师验收，经老师同意后方能离开实验室。

（5）按小组轮流值日，值日生负责收拾实验器具，打扫实验室卫生，保持实验室清洁整齐，关闭设备电源及空调，熄灭电灯，关好门窗，经老师检查同意后方可离开。

二、学生需自备的物品

（1）《海洋植物学实验》教材和实验记录用笔记本 1 册。
（2）实验报告纸。
（3）HB 或 2H 等绘图铅笔 1 支、软橡皮、尺子及铅笔刀等绘图用具。

三、学生如何进行实验

（1）学生在每次实验前应将教材上关于该次实验的内容认真地阅读一遍，明确实验目的、内容与操作方法。把必需的实验用品带到实验室。

（2）实验开始时，应认真听取老师对实验的讲解、提示和要求，不得在没有听完老师的讲解之前，盲目操作。

（3）准备好实验用的仪器、材料和工具。

（4）严格根据实验指导进行实验。独立操作、认真观察、做好记录，并思考和回答教材中的思考题和老师提出的问题。实验的主要目的之一是培养学生的独立操作能力，因此，每个学生在实验中要做到不依赖别人，只有当自己经过努力仍不明白时才请老师帮助。

（5）在海洋植物学实验中，绘制观察标本图形是一项很重要的实验任务，每个学生应认真对待。但绘图并不是实验的唯一目的，它只是实验观察的记录。观察若不精确，绘图也不可能准确。一般绘图时间不能超过实验时间的三分之一，大部分时间应用于标本的观察。

（6）必须按规定格式书写实验报告。实验报告的书写和绘图只可用铅笔。实验报告必须是自己实验观察的真实记录，必须独立思考、独立完成，不准抄袭。每次实验应在老师指定的时间内完成，并当场提交实验报告。

第一章 基本实验技术

第一节 光学显微镜结构及其使用规范

一、目的要求

（1）由于微藻体积微小，其大小常以微米（μm）为单位来描述，要对其进行形态结构观察及种属鉴定，必须依赖于光学显微镜。

（2）光学显微镜是微藻生物学试验与研究中的基本仪器之一。不仅可用光学显微镜观察微藻的生物学特征及其微细结构，还可用显微摄影方法将其记录下来。

（3）了解光学显微镜的基本构造，掌握其规范使用和基本维护知识。

二、实验用具及材料

奥林巴斯（Olympus）或尼康（Nikon）光学显微镜、香柏油、纱布、擦镜纸、各种微藻的制片标本。

三、显微镜的基本结构

光学显微镜（图1-1）由光学系统和机械系统两大部分构成。机械部分是支持光学部分的支架，光学部分则起着调节光线、放大物像的作用。只有在光学系统和机械系统良好的配合下，才能充分发挥显微镜的显微性能。

光学显微镜包含两组会聚透镜：小的透镜代表一组焦距很短的透镜，即物镜；大的透镜代表一组焦距较长的透镜，即目镜。光线先由集光镜反射到聚光镜，然后通过载物台的透光孔射到载玻片的标本上，标本发出的光线经物镜放大后成一倒立实像于目镜前焦点附近，再经目镜放大后，就获得1个经2次放大的倒立虚像，该虚像成于观察者的明视距离处。

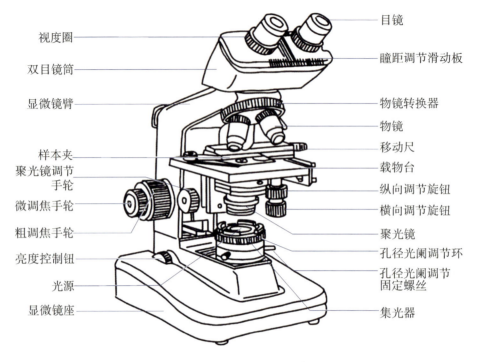

图 1-1 光学显微镜构造

1. 机械系统

显微镜座是显微镜的基本支架,底座通常呈马蹄形、三角形、圆形或"丁"字形,具一定的底面积和重量,使整体牢固地竖立着,不至于因倾斜而失去平衡。

显微镜臂是显微镜的脊梁,装于镜座之上。镜筒能上下升降的显微镜,镜臂是活动的;载物台能上下活动的显微镜,底座和镜臂是固定的。

载物台是支撑被检标本的平台,呈圆形或正方形,它的中央有一个通光孔,光线从该孔通过。一般圆形载物台可前后左右移动;方形载物台装有"十"字形移动台,可前后左右直线移动,有的装有标尺,用于固定标本位置,以便于重复观察。

双目镜筒位于镜臂上端,镜筒是空心的圆筒,上接目镜,下端接转换器。直筒式显微镜镜筒与载物台垂直,使目镜、镜筒和物镜的光轴在一条直线上。镜筒的长度一般为 160 mm,以调整长度来调整总放大倍数。目前,显微镜多见双镜斜筒的,观察时眼睛不易疲劳,使用起来方便,增加立体感。

物镜转换器位于镜筒下端,是可以旋转的圆盘,用于装配物镜,一般可装配 4 个物镜。镜检时调换镜头很方便,由于物镜的配合,镜头转换后仅需稍加调节就可以观察清晰。

调焦装置位于镜臂左右两侧，包括粗、细调焦手轮，是调节载物台上下垂直移动的装置，是获得清晰图像的关键。靠近里端大的调节轮是粗调焦手轮，只做粗略的调焦。对于低倍观察，仅用粗调就能获得清晰物像。在采用高倍镜和油镜时，在粗调获得模糊物像后，还需细调才能看清物像。细调焦手轮为靠近外端小的调节轮。注意：切忌在观察物像时，将粗调旋钮向下旋转，以免触及载玻片，损坏镜头。

2. 光学系统

物镜是显微镜最重要的部件，由金属圆筒里装有的许多透镜组成，这些透镜用特殊的胶粘在一起。根据使用方法不同，物镜主要可分为 2 种。①干燥系物镜：一般指放大 60 倍以内的物镜，它们和标本之间的介质是空气。②油浸系物镜：放大 100 倍的物镜。为了消除光由一种介质进入另一种介质时发生的折射现象，物镜与标本之间必须加入一种折光率和玻璃的折光率（1.52）几乎相等的香柏油（1.55），这样才能观察到清晰的物像。一般物镜镜筒上标有"HI"或"OI"的字样。

物镜具有一定的放大率和一定的焦距。物镜的放大倍数常有低倍（1×～8×）、中倍（6×～25×）、高倍（25×～63×）和油浸物镜（90×～100×）等数种，镜口率/数值孔径（numerical aperture，N.A.）分别为 0.04～0.15、0.15～0.40、0.35～0.95 和 1.25～1.40。放大率越高，透镜的弯曲度越大，焦距就越短，物镜的镜头就越长。因此，使用油浸物镜观察时镜头几乎触及标本。有些物镜上标有表示该物镜主要性能的参数，如在 10 倍的物镜上标有 10×/0.25 和 160/0.17，其中，10×指放大倍数，0.25 是镜口率，160 是镜筒长度（单位：mm），0.17 是盖玻片所要求的厚度（单位：mm）等。有些物镜上还刻有 16 mm 或 4 mm，表示它的焦距。

目镜插入镜筒上端，供眼睛观察物像用，也是由透镜构成的，一般仅有 1～3 片。目镜能放大由物镜造成的像，具有校正物像的功能，以使物像集中在目镜上。一般目镜镜筒越长，放大倍数越小。目镜放大倍数也标在镜头上，常有 3×、5×、8×、10×、15× 等数种。教学显微镜的目镜上常装有一根钢丝做成的指示针，可以根据需要移动玻片标本，使物像的某一部分落在指示针的末端。

聚光器装置在载物台通光孔的下方，由聚光镜和孔径光阑组成，使来自光源的光线放大，并聚成光束，透过载片照明样品，射入物镜。聚光镜多由几个透镜组成，可通过聚光器上下移动调节光线亮度。扳动孔径光阑调节环，可使光阑扩大或缩小，以调节入射光束的大小。光阑调节要适度，开度过小会使聚光器和物镜的数值孔径下降，影响影像的分辨力，且降低成像质量；开度过大会引起眩光产生，降低影像的清晰度和反差；当开度与物镜的数值孔径一致时，分辨力最佳。一般调节至所用物镜数值孔径的 70%～80% 为宜。

光源位于聚光器下方的内置照明装置，内装有钨卤素灯，可通过旁边的亮度控制

钮调节其光线强弱。

四、操作规范

1. 取镜使用

（1）正确取镜时应一手握镜臂，一手托住底座，不可斜提，防止目镜从镜筒中滑出。

（2）镜臂向身体，镜身向前，镜与桌边相距 60 mm 左右。坐着观察时，显微镜放置在左肩之前，这样安置便于右手描绘物像。

（3）转动换镜转盘，使 10× 物镜与镜筒成一直线，然后打开电源开关，转动亮度控制钮调节亮度。

（4）转动粗调旋转盘降下载物台，拉开机械式载物台的样本夹，自前向后将切片标本小心谨慎地放入平台，切片标本放稳后，再将样本夹轻轻放回原位。注意：如果强力反弹样本夹或是中途突然放松样本夹螺旋钮，有可能会损坏标本。

（5）转动上侧的纵向调节旋钮后，标本向垂直方向移动，转动下侧的横向调节旋钮后，标本向水平方向移动。使观察的材料正对载物台中的透光孔。载物台上的刻度方便确定所观察样本的位置。

2. 瞳距与视度调节

（1）调整双眼间的距离（瞳距），使两只眼睛同时看到一个显微镜像，能防止观察时的疲劳。具体的方法是：一边看目镜，一边移动双侧目镜筒，让左右的视野一致。

（2）旋转视度圈，使其下端面与刻线（沟槽）对齐，此时是零视度位置。如将转换器旋至 40× 物镜，调节调焦旋钮，对标本准确调焦。旋转 4× 和 10× 物镜，不动调焦旋钮，旋转目镜视度圈，使每个目镜中的图像分别调节清楚。

（3）重复上述步骤 2 次，正确调节视度。通过补偿使用者左右视度差别的视度调节，修正了显微镜的筒长，这能使我们充分利用高品质物镜的优点，包括齐焦。

3. 孔径光阑的调节

（1）转动孔径光阑调节环，把集光器升至最高位置，缩小视场光阑，在视场中可见边缘模糊的视场光阑图像。

（2）微降集光器，至视场光阑的图像清晰聚焦为止。

（3）用孔径光阑调节固定螺丝推动集光器，使缩小的视场光阑的图像调至视场中心。

（4）开放视场光阑，使正多角形的周边与视场边缘相接，内接和外切均可。

（5）反复缩放视场光阑，确认光阑边缘与视场完全重合。

4. 显微观察

（1）制片标本放在载物台上，用10×或低倍物镜对样品聚焦。

（2）从显微镜的侧面看，顺时针方向转动粗调旋钮，使物镜尽可能接近标本，一边看目镜，一边慢慢逆时针方向转动粗调旋转盘，使载物台下降，看到标本后，用微调旋钮来正确对焦。

（3）观察任何需要镜检的标本都可先用低倍镜观察，因为低倍镜视野较大，易于发现目的物和确定镜检物点。

（4）旋动转换器，改用高倍物镜，这时需将集光器上升，并放大光圈，以求得适当的亮度，再适度旋转细调焦旋钮，就能观察到目的物像。此时切忌将粗调旋钮下调，以避免与标本相碰。

5. 油镜的使用

（1）当采用放大倍数为90×或100×的油镜时，需在标本与镜头之间滴加香柏油。由于焦距极短，切勿因镜头触及载玻片而使镜头受损。

（2）在观察时为了获得强的采光，需将集光器上升和增大光圈。

（3）镜检完毕要先用擦镜纸将镜头上的香柏油擦去，再用擦镜纸沾少许二甲苯，将镜头上残留的香柏油擦去，最后将镜头上的二甲苯擦掉。

（4）镜检完毕后，应关闭电源开关。

6. 注意事项

（1）显微镜总放大率是物镜和目镜放大倍数的乘积。

（2）显微镜使用前需检查各部分零件是否完整合用，镜面是否清洁。使用后用绸布擦干净，物镜偏于两旁，避免与集光器碰及，放入大箱中。

（3）避免镜头与被检物体直接接触，使用高倍镜和油镜时应尽可能用盖玻片，以免腐蚀镜头。用毕应先移开镜头，再除去标本，以免触及镜头。

（4）如观察视野亮度不均匀或发白朦胧看不清楚，请确认物镜是否放入光路，调节聚光镜，检察物镜、目镜、出光口、标本是否有污垢，浸油物镜上是否未使用油，或浸油内有气泡。

（5）如对不好焦距（载物台不上升），可能是粗调限位太低，请抬高粗调限位。载物台自动下降，或是粗调打滑，观察中焦距会偏移，可能是粗调焦手轮的松紧调节环太松，请做适当调整。

（6）镜检以左眼为宜，两眼务必同时睁开，如果右眼闭合，则易疲劳，不久会感到头晕。左眼观察时，右眼睁开，并同时观察和绘图。

五、作业及思考

（1）熟练掌握高级光学显微镜的使用方法。
（2）试分析影响显微镜成像优劣的主要因素。

第二节　海洋微型藻类标本制作和显微观察

一、目的要求

（1）掌握微藻临时装片的制作方法，这是研究海洋植物学特别是对海洋微藻进行观察的基本技术之一。
（2）掌握微藻显微结构的常规观察方法，如藻细胞的多角度观察，细胞核、色素体及鞭毛等细胞器的观察，学会用碘液染色对不同类型同化产物进行初步分析。
（3）硅藻的分类研究主要是依据其壳面形态及花纹来进行，因此需要对硅藻标本进行适当的处理和封片（即壳体标本制作），这是硅藻研究工作的最关键一步，也是后续研究的重要基础。

二、实验用具及材料

1）仪器及耗材：光学显微镜、载玻片、盖玻片、吸管、尖头镊子、纱布、擦镜纸、解剖针、加热板、离心机、试管、pH试纸、分析天平。
2）标本：各类微藻的纯培养液，海水、沉积物或浸制的混合硅藻液。
3）试剂：碘液（I_2-KI 溶液）、10% HCl 溶液、饱和草酸溶液、30% H_2O_2 溶液、

高锰酸钾、浓硫酸、超纯水、二甲苯、中性树胶。

（1）碘液：6 g 碘化钾溶于 20 mL 超纯水中，待完全溶解后再加入 4 g 碘，振荡溶解后再加入 80 mL 超纯水。

（2）10% HCl 溶液：将 150 mL 36% 的浓盐酸缓慢地加入到 350 mL 超纯水中，边加边搅拌。

（3）饱和草酸溶液：取 10 g 草酸，溶于 100 mL 超纯水中，充分搅拌，滤去沉淀即得。

三、微藻临时装片制作及观察

1. 临时装片制作方法

将要观察的藻类标本材料，取 1 滴滴于载玻片中央，加盖盖玻片，制成临时观察的标本玻片，称为临时装片。其制作方法如下：

（1）载玻片和盖玻片用自来水冲洗干净，如有油污，可先用 70% 酒精浸泡，然后再用水冲洗。载玻片和盖玻片洗净后应用洁净的纱布或软布擦干。盖玻片小而薄，容易破碎，擦拭时，要用左手拇指和食指轻轻夹住盖玻片的边缘一侧，用右手的拇指和食指掂着纱布或软布把盖玻片夹在其间，来回擦拭盖玻片非手持一侧，然后再转换擦拭另一侧。注意，擦拭时动作要轻，在盖玻片两侧用力要相等。

（2）摇匀标本瓶，用吸管吸取 1 滴标本液滴于载玻片之中。标本液量要适当，量过多，盖玻片容易浮动或使液体溢出到载物台上；过少时标本液不能布满盖玻片下面，容易产生气泡。另外，由于藻类标本经固定后沉淀集中于标本瓶底部，吸取标本时如不摇匀，吸出的标本不是过于稀疏难以在镜下找到目标，就是过于浓密使物像重叠难以观察分辨。因此，在制作浮游生物临时装片吸取标本液时，一是标本液量要适当；二是要注意摇匀标本液，以便使标本液浓度适中，利于观察。

（3）盖上盖玻片时，必须使盖玻片倾斜放下，使其一边先与水滴边缘接触再慢慢放下，可以避免装片内产生气泡。若水过多盖玻片浮动，可用吸水纸靠近盖玻片一侧边缘下端吸取多余水分。如果是活体运动标本，最好在盖上盖玻片之前在水滴上加一些纤维，如棉花纤维等，以减缓其运动速度和活动范围。如果是丝状或胶团块藻类，需事先在载玻片上滴 1 滴固定液或超纯水，然后用尖头镊子镊取少量藻丝或藻块轻放其中，再轻压材料使其向四周均匀分散，盖上盖玻片，置显微镜下观察。

（4）假如材料运动太活跃，可用吸水纸在盖玻片边缘吸去一部分水液，以减慢其运动速度。活体看毕后可采用碘液将其固定（图 1-2），在盖玻片一侧的边缘加 1 滴碘液，再从相对的一侧用吸水纸吸引，这样不但可将材料固定，而且又能对蛋白核、鞭毛等进行染色，可用于随后的显微观察。

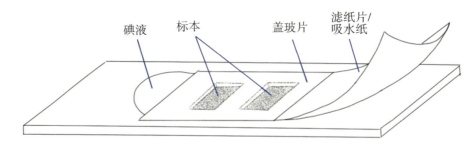

图1-2 碘液固定材料方法

（5）临时装片水分易挥发，只能供短暂的显微观察用，干燥后不能继续观察。因此，观察时间若需要几小时甚至几天，则要改用10%甘油封片，即把封藏液由水改为甘油即成，但是材料必须先用4%福尔马林固定，以免材料变质。若观察的材料需要较长时间保存，则甘油浓度要逐渐增加，10%→20%→40%，直至用纯甘油封藏材料。最后在盖玻片的边缘用毛笔蘸取磁漆油封固即可。

2. 微藻的显微结构观察

临时装片制成后，即可将此片放在显微镜下观察。观察时，先在低倍镜下观察，找到所需标本，将其移至视野中央，再转换高倍镜观察。可按下述方法依次对几种典型结构和部位进行观察。

多角度观察。为了从不同侧面对某些藻体细胞的形态结构特征进行观察，可用解剖针轻触盖玻片让藻体翻动，如对硅藻细胞的壳面、带面进行观察。

细胞核观察。通常细胞用碘液固定后，核被染成橙黄色，对碘液不敏感的可用苏木精染色法使其着色。对裸藻等较大型个体可用挤压法，用手触压盖玻片使细胞破裂，核就可脱膜而出。

鞭毛观察。先取活体标本在低倍镜下观察其活动状况，凡运动比较迅速（旋转、游动等）的藻类[注意与运动缓慢的藻类（如硅藻、颤藻）严格区别开]均为鞭毛藻类，生活时的个体鞭毛无色，接近透明，光亮，转换高倍镜并将聚光镜调到最上位，缩小光圈可以看得比较清楚。如果加上碘液固定，鞭毛可以衬托出来，更为清晰。

色素体观察。色素体在原生质中存在的特点是有固定的形状，并呈现一定的颜色。欲看清其颜色务必用活体标本，否则只能从形状上加以区分。对于不同形状色素体的观察，有一种简易可行的经验办法，即待临时装片水分蒸发殆尽时，用手指按住盖玻片揉搓，使细胞破碎，色素体可自然脱出，呈现于视野中。

胶被观察。团藻目、四孢藻目的许多种类，群体的周边包被一层含水量极高的透明胶被，在装片水分蒸发殆尽时较易看清。加上适量碘液使原生质体着色后，也能衬托出胶被的存在。

淀粉观察。有蛋白核的藻类，如绿藻，淀粉都集中分布在蛋白核的周围，形成所谓的"淀粉鞘"，遇碘发生变色反应呈蓝黑色或紫黑色。无蛋白核的藻类，如某些隐藻、绿藻，淀粉粒分散于色素体或细胞质的不同部位。无论位置和形状怎样，遇碘呈蓝黑色（有时为紫黑色）者即为淀粉。

脂肪观察。脂肪是在细胞内呈反光较强的小球体，遇碘不发生变色反应，在硅藻色素体上最为常见，但数量、位置不定，有的个体缺乏。通常在活体标本中清晰可见。

副淀粉观察。副淀粉为裸藻门所特有的一种类淀粉物质，系淀粉的同分异构物，呈椭球形、环形、棒状，罕为球形，反光性很强，遇碘不发生变色反应，通常体型较大。

蓝藻淀粉为蓝藻门所具有的一种类淀粉物质，也为淀粉的同分异构物，呈颗粒状，比较均匀地分布于蓝藻细胞周边的色素区，遇碘呈淡紫色或淡褐色。

白糖素为金藻（少数黄藻）所具有的一种糖类，是一种白色、光亮不透明，大小不定的球体，遇碘不发生变色反应，一般集中在细胞后端。

四、硅藻壳体标本制片

1. H_2O_2 处理法

（1）准确称量一定量样品，放入试管中，用超纯水通过离心清洗掉固定剂和其他溶解盐类。注意：本实验中可采用 1.0 g 湿沉积物或 0.1 mL 浓缩标本（用甲醛固定或新鲜标本均可）。

（2）加入 5 mL 30% H_2O_2 溶液于 70 ℃下水浴加热 3~4 h，氧化除去样品中的有机物。在氧化过程结束后，加入适量的 10% HCl 溶液去除钙质胶结化合物及上一步中残留的 H_2O_2，冷却，静置 12 h。

（3）将去除钙质胶结化合物的样品用超纯水清洗并离心 3~4 次（1200 r/min，8 min），直至处理液呈中性，倾去上清液。为检查有机物是否完全清除，可取 1 滴样品在显微镜下检查，若还有有机物残余，则需重新酸化、清洗。可用 pH 试纸检查，如处理液已呈中性，便可进行下一步准备封片。若酸去除不完全，将影响封片质量（如需液体保存，可加 4% 的甲醛液）。

（4）将清洗至中性的硅藻样品悬浮液定容至 10 mL，并准确量取 0.2 mL 悬浮液均匀地涂在洁净的盖玻片上，自然晾干。待晾干后，滴 1 滴中性树胶于载玻片中央，将盖玻片翻转放于树胶上，封片，置于烘箱中 130 ℃烘干，树胶彻底干燥冷却凝固后即完成硅藻永久制片，放于标本盒中用于显微镜观察。每个样品制片 2 张。

2. 酸处理法

（1）准确称量一定量样品，放入试管中，用超纯水通过离心清洗掉固定剂和其他溶解盐类。注意：本实验中可采用 1.0 g 湿沉积物或 0.1 mL 浓缩标本（用甲醛固定或新鲜标本均可）。

（2）加入适量浓硫酸，同时再加上固体高锰酸钾少许，其量使处理液呈粉红色为宜，充分搅拌之，然后放置一昼夜，以去除细胞内外的有机物。

（3）次日加入适量的饱和草酸溶液，搅拌使其褪色。然后静置沉淀，使表层液体澄清。去掉澄清液，然后加入超纯水洗涤。为检查有机物是否完全清除，可取 1 滴样品在显微镜下检查。若还有有机物残余，则需重新酸化、清洗。

（4）用超纯水反复冲洗若干次，直至样品液呈中性为止。冲洗时要充分静置，使微细的硅藻都沉淀后，再将上层澄清液去掉，否则硅藻将被冲洗掉。

（5）可用 pH 试纸检查，如处理液已呈中性，便可进行下一步准备封片。若酸去除不完全，将影响封片质量（如需液体保存，可加 4% 的甲醛液）。

（6）将硅藻标本放在盖玻片上，在电热板上烤干，加 1 滴二甲苯后，用加拿大树胶或其他封片剂封片，反压在载玻片上，干后即可进行镜检观察。

3. 注意事项

（1）酸化要适当，不宜过度或不足，否则会引起壳质破碎或残留有机物，都将影响鉴定。

（2）冲洗时要充分静置沉淀，防止标本流失。标本必须全干后，才能浸入二甲苯，否则会影响封片质量。标本滴加二甲苯后，应迅速封片，否则会出现气泡。

（3）操作过程要细致耐心，并注意洁净，要防尘防污。

（4）无论是盖玻片还是载玻片，均要预先用 10% 盐酸浸洗去掉油污，并用超纯水冲洗并用布揩干备用。

五、作业及思考

（1）提交制作的硅藻壳体标本永久封片。

（2）试分析不同微藻用碘液染色后，其同化产物的反应特点及其在显微镜观察下的形态差异。

第三节 海洋大型藻类样本制备及组织制片

一、目的要求

（1）了解和掌握海洋大型藻类蜡叶标本及干燥样本的制备方法。
（2）了解和掌握大型海藻组织制片方法。

二、实验用具及材料

（1）仪器耗材：标本盘（瓷盘）、玻璃托板、吸水纸、纱布、标本纸、标本夹、标签纸、万能电子干燥柜、电热鼓风干燥箱、真空冷冻干燥机、-20 ℃冰箱、尖头镊子、双面刀片、载玻片、盖玻片、吸管、显微镜。

（2）藻株：制作蜡叶标本的材料需采用海洋大型藻类的完整植株，主要包括我国南海海域的典型代表种类，如绿藻门仙掌藻属（*Halimeda*）、蕨藻属（*Caulerpa*）、钙扇藻属（*Udotea*）、网球藻属（*Dictyosphaeria*）、红藻门乳节藻属（*Dichotomaria*）、鱼栖苔属（*Acanthophora*）、凹顶藻属（*Laurencia*）、红毛菜属（*Bandia*）、褐藻门喇叭藻属（*Turbinaria*）、团扇藻属（*Padina*）等；干燥样本选用褐藻门海带属（*Laminaria*）孢子体；制作组织切片的材料选用褐藻门海带属（*Laminaria*）孢子体和红藻门紫菜属（*Pyropia*）配子体。

（3）试剂：过滤海水。

三、制作蜡叶标本

1. 实验原理

海洋大型藻类的样本一般通过制备蜡叶标本和浸液标本、低温冻存、干燥样本等方法进行样本保存。蜡叶标本是将大型藻类的完整植株固定在台纸上的干制样本，制作简单、保存时间较长，是目前最广泛采用的海藻大型藻类整体植株样本保存方式。

2. 方法与步骤

（1）藻体前处理：准备合适的容器及过滤海水，将海藻藻体用过滤海水清洗并按种类放置，注意海藻藻体的完整性。

（2）标本制作：将预先写好编号的标本纸放入瓷盘内的玻璃托板上，加入过滤海水；将经过前处理挑选出的海藻藻体摆放在标本纸上，注意摆放位置，慢慢调整藻体接近自然状态，然后将托板抬离水面，自托板上取下标本连同标本纸，放于吸水纸上，盖上1层干净纱布和2～3张吸水纸。

（2）标本干燥：将标本放入标本夹板，每天视水分情况更换吸水纸，一般经过5～7 d标本即可干燥；也可将标本夹放在电子干燥柜中干燥3～5 d。对于干燥后不易粘贴在标本纸上的藻体，需用胶带将其固定，并在所有标本纸右下方贴上标签，标签应注明采集编号、地点、时间、种名、采集人名和鉴定人名等信息。

（3）标本保存：将制作好的蜡叶标本存放于干燥环境中，避免强光照射，可用塑料膜封膜，防止破损。

3. 注意事项

吸水纸根据海藻植株大小裁剪，所用纱布应与吸水纸大小相同。注意保证藻体完整性。

四、大型海藻干燥样本

1. 实验原理

干燥样本是将大型海藻干燥后，将其剪碎成小组织块或研磨成粉末封装于密封容器的样本保存方式，通常作为海藻成分分析样本和原料样本。可选用热烘干或真空冷冻干燥的方式。真空冷冻干燥是将含水物料冷冻成固体，在低温低压条件下利用水的升华性能，使物料低温脱水而获得干燥。仪器利用速冻及真空环境使原料中的水直接升华成气态，气相的溶液在经过低温冷阱时被冷阱抓取收集，达到冻干物料的目的。

2. 方法与步骤

（1）用过滤海水反复清洗海藻藻株，本实验对象为海带孢子体，除去附生的杂藻、泥沙等杂质；将海带孢子体平铺在瓷盘中，因其个体较大，可将其剪成小组织块。

（2）烘干干燥：将上述海藻藻体组织在干燥箱中50℃通风烘干。干燥至恒重后，直接密封保存或者用万能粉碎机研磨成粉末，用密封袋密封保存在室温或-20℃冰箱中。

（3）真空冷冻干燥：将上述海藻藻体组织用有盖的塑料管或塑料小袋分装，写上标签，放在-80℃冰箱中预先冷冻至少2 h，然后放入真空冷冻干燥机中冻干。放入冷冻干燥机时，将塑料管口用封口膜封住并用牙签戳孔，冻好后取出时快速盖上盖子以免空气中的水分进入。冷冻干燥法可减少干燥过程中海藻细胞生化组分的损失。

3. 注意事项

干燥前应了解真空冷冻干燥仪器的操作流程和注意事项，密切关注压力值。干燥好的海藻样本需密封保存。

五、大型海藻组织徒手切片

1. 实验原理

在进行大型海藻的组织结构和繁殖器官的观察时需要借助于制片技术。海藻组织制片包括直接压片、徒手切片和石蜡切片3种制片方法。石蜡切片操作较为复杂，需要经过石蜡包埋脱水后制片，适合藻体较软、水分含量高及具有复杂组织构造的海藻观察。徒手切片法较为简便，适用于组织结构简单的海藻的观察，根据需要一般分为纵切和横切。

2. 方法与步骤

（1）藻体前处理：准备合适的容器及过滤海水，将海藻藻体用过滤海水清洗干净，根据需要选取藻体的叶片、分枝、基部等部位，将其切成适当的组织块，并将断面削平。

（2）切片：将准备好的组织块置于载玻片上，左手用尖头镊子固定住，右手持双面刀片，刀片与组织块的断面平行，均匀快速地由前往后滑行切片，可操作多次。切片时动作要敏捷，一次性切离组织块，避免多次切离。用吸管吸取过滤海水滴到切下的薄片上，使其分散开，再用尖头镊子小心挑取透明轻薄且完整的薄片。

（3）制片并显微镜观察：用尖头镊子将选好的薄片置于载玻片中央，滴1滴过

滤海水，盖上盖玻片。用镊子夹住盖玻片，慢慢往下放，避免玻片内产生气泡。将制好的玻片放于显微镜下观察组织结构是否能清晰完整地呈现。

六、作业及思考

（1）提交制作的大型海藻蜡叶标本。
（2）提交海带孢子体干燥样本。
（3）显微镜下观察海藻的切片制片，比较横切与纵切的区别。

第四节　微藻显微计数法及细胞大小测定

一、目的要求

（1）显微计数法适用于各种含单细胞藻的纯培养悬浮液，因此需了解血球计数板的构造、计数原理和计数方法，掌握显微镜下微藻直接计数的方法。

（2）由于藻体很小，只能在显微镜下测量，细胞大小是其形态特征及分类鉴定的主要依据之一，因此需了解目镜测微尺和镜台测微尺的构造和使用原理，掌握微藻细胞大小的测定方法。

二、实验用具及材料

（1）仪器及耗材：显微镜、目镜测微尺、镜台测微尺、载玻片、盖玻片、血球计数板、擦镜纸、吸水纸、玻片架、洗瓶、滴管。
（2）藻种：培养至对数生长期的藻细胞。

三、显微直接计数法

1. 测定原理

血球计数板是一块特制的厚型载玻片，载玻片上有4条槽，从而构成3个平台

（图1-3）。中间的平台较宽，其中间又被一短横槽分隔成两半，每个半边上面各有1个计数区。

计数室的规格常有2种：一种叫希利格式（16×25型），是一个计数区分为16个中方格（中方格之间用双线分开），而每个中方格又分成25个小方格；另一种叫汤麦式（25×16型），是一个计数区分成25个中方格，而每个中方格又分成16个小方格。

不管计数区是哪一种构造，它们都有一个共同特点，即计数区都由400个小方格组成。计数区边长为1 mm，计数区的面积为1 mm^2，每个小方格的面积为1/400 mm^2。盖上盖玻片后，计数区的高度为0.1 mm，故每个计数区的体积为0.1 mm^3，每个小方格的体积为1/4000 mm^3。16×25型的计数板每个中方格的边长为0.25 mm，每个中方格的容积为1/160 mm^3，25×16型的计数板每个中方格的边长为0.2 mm，每个中方格的容积为1/250 mm^3。

使用血球计数板计数时，先要测定每个小方格中藻细胞的数量，再换算成每毫升藻液中细胞的数量。计算思路是运用标志重捕法中的局部与整体数据成正比的计算公式：（每个小方格中细胞的平均数×稀释倍数）/每个小方格的容积＝1 mL培养液中的细胞数量/10^3 mm^3。由此可以推出不同规格血球计数板的计数公式：每毫升藻液中含有的细胞数＝每个小格中细胞的平均数（N）×系数（K）×藻液稀释倍数（d），其中，$K = 1000 \text{ mm}^3 / (1/4000 \text{ mm}^3) = 4 \times 10^6$。

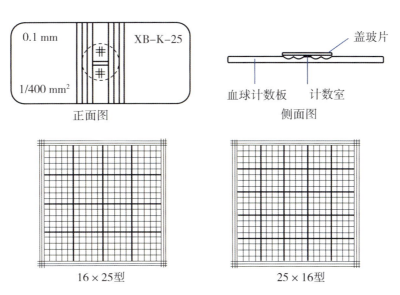

图1-3　血球计数板构造

2. 方法与步骤

（1）取洁净的血球计数板，在计数室上面盖上盖玻片。

（2）取稀释到一定程度的藻液，从盖玻片边缘滴一小滴，使藻液自行渗入，计数室内不能有气泡。先在低倍镜下找到小方格网，再转换高倍镜观察并计数。注意：样品稀释的目的是便于微藻计数，以每个小方格内含有 4～5 个微藻为宜。藻液在测定时要摇匀以防止细胞沉淀。

（3）如用 16×25 型计数板，要按对角线位，取左上、左下、右上、右下 4 个中方格（即 100 个小方格）的藻数。若是 25×16 型计数板，除计数 4 个角上的中格的藻数外，还要计算中央中格（即 80 个小方格）的藻数。计数时应不时调节焦距，这样才能观察到不同深度的藻体。注意：位于格线上的藻细胞一般采用计样方法中"计上不计下，计左不计右"的计数原则，只计此格的上方线及左方线上的藻体。

（4）每个样品重复计数 2～3 次，将计数结果记录于表 1-1 中，取其平均值。再按有关公式计算每毫升培养液中所含的微藻数：每毫升样品中的藻数 = 每小格平均藻数 $\times 4 \times 10^6 \times$ 稀释倍数。

表 1-1　微藻计数

测定次数	第一格	第二格	第三格	第四格	第五格
第一次					
第二次					
第三次					
平均					
微藻名称：　　　　　　总细胞数：　　　　个/毫升					
注：若实验采用 25×16 型计数板，则要求数这些方格中的全部小格，即 80 个小格。设每个中方格的藻数为 A，则每小格平均藻数 = $(A_1 + A_2 + A_3 + A_4 + A_5)/80$，每毫升样品中的藻数 = $(A_1 + A_2 + A_3 + A_4 + A_5)/80 \times 4 \times 10^6 \times$ 稀释倍数					

（5）计数板用毕后先用 95% 的酒精轻轻擦洗，再用超纯水淋洗，然后吸干，最后用擦镜纸揩干净。清洗后放回原位，切勿用硬物洗刷。

四、微藻细胞大小测定

1. 测定原理

目镜测微尺和镜台测微尺（图 1-4）是用来测量微生物细胞大小的工具。镜台测微尺是中央部分刻有精确等分线的载玻片，一般将 1 mm 等分为 100 格（或 2 mm 等分为 200 格），每格长度等于 0.01 mm（即 10^6 μm），是专用于校正目镜测微尺每格长度的。校正时，将镜台测微尺放在载物台上，由于镜台测微尺与细胞标本处于同一位置，都要经过物镜和目镜的 2 次放大成像进入视野，即镜台测微尺随着显微镜总放大倍数的放大而放大，因此，从镜台测微尺上得到的读数就是细胞的真实大小。用镜台测微尺的已知长度在一定放大倍数下校正目镜测微尺，即可求出目镜测微尺每格所代表的长度，然后移去镜台测微尺，换上待测标本片，用校正好的目镜测微尺在同样放大倍数下测量微生物大小。

目镜测数尺有 2 种：一是特制的目镜镜头，镜片上刻有 50 等分或 100 等分的刻度，使用时直接安装在显微镜上，取代没有刻度的目镜镜头；另一种是一块直径大约为 17.5 mm 的圆玻璃片，其中央刻有 50 等分或 100 等分的刻度，使用时将该玻璃片安装在原来的目镜镜头上即可。由于不同的显微镜放大倍数不同，即使同一显微镜在不同的目镜、物镜组合下其放大倍数也不同，故目镜测微尺每格实际表示的长度随显微镜放大倍数不同而不同。也就是说，目镜测微尺上的刻度只代表相对的长度。因此，目镜测微尺在使用前须用镜台测微尺校正，以确定在一定放大倍数下目镜测微尺的每格长度。

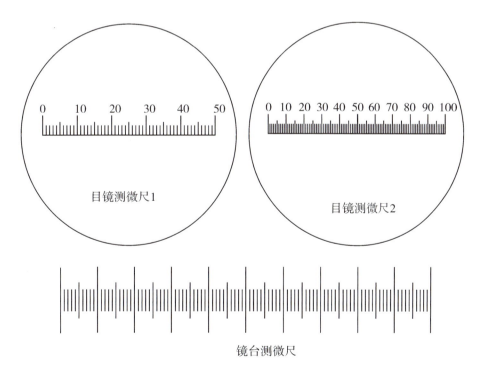

图 1-4　测微尺构造

2. 方法与步骤

(1) 取下目镜上部或下部的透镜,在光圈的位置上安装上目镜测微尺,刻度朝下,再装上透镜,制成一个目镜测微尺的镜头。

(2) 将镜台测微尺置于载物台上,使刻度面朝上,先用低倍镜对准焦距,看清镜台测微尺的刻度后,转动目镜,使目镜测微尺与镜台测微尺的刻度平行,移动推动器使二者重叠,并使二者的左边的某一刻度相重合,向右寻找二者相重合的另一个刻度。

(3) 记录两个重叠刻度间的目镜测微尺的格数(m)和镜台测微尺的格数(n),填于表 1-2 中。

表 1-2　目镜测微尺校正结果

物镜	目镜测微尺格数 m	台镜测微尺格数 n	目镜测微尺校正值/μm
4×			
10×			
40×			
100×			

显微镜型号:
注:目镜测微尺校正值 = $n/m \times 10$ μm,由于不同显微镜及附件的放大倍数不同,因此校正目镜测微尺必须针对特定的显微镜和附件(特定的物镜、目镜、镜筒长度)进行,而且只能在特定的情况下重复使用,当更换不同放大倍数的目镜或物镜时,必须重新校正目镜测微尺每一格所代表的长度

(4) 计算该倍率下目镜刻度。因为镜台测微尺的刻度每格长 10 μm,所以由以下公式可以算出目镜测微尺每格所代表的长度:目镜测微尺每格长度 = $n/m \times 10$ μm。

(5) 以同样方法分别在不同倍率的物镜下测定目镜测微尺每格代表的实际长度。如此测定后的测微尺的长度,仅适用于测定时使用的显微镜,以及该目镜与物镜的放大倍率。

(6) 移去镜台测微尺,换上微藻标本片,先在低倍镜下找到目的藻体,再在高倍镜下用目镜测微尺测定每个微藻长度和宽度所占的刻度(不足一格的部分估计到小数点后一位数),记录于表 1-3 中。

表 1-3 微藻细胞大小测定记录

	1	2	3	4	5	6	7	8	9	10	平均值/μm
长度/μm											
宽度/μm											

微藻名称：
细胞大小（长度×宽度）：
注：长度、宽度的大小 = 格数×目镜测微尺校正值

（7）用同一放大倍数在同一标本上任意测定 10~20 个藻体后，用测出的其长度、宽度所占格数乘以目镜测微尺每格的校正值，即可换算成藻体的长度和宽度。求出其平均值，即可代表该藻的大小。

五、作业及思考

（1）计算培养液中的微藻细胞密度。
（2）计算出目镜测微尺在低、高倍镜下的刻度值。
（3）记录各类藻细胞大小的测定结果。

第五节　海洋微藻的分离和培养

一、目的要求

（1）自然界中存在着大量具有开发利用价值的微藻，且微藻在培养过程中易被其他杂藻或微生物所污染。因此，采取合适的方法对藻种进行分离纯化是开展藻种选育和培养工作的一个最关键技术。

（2）了解微吸管法、平板划线法和稀释法等微藻分离和纯化的主要传统技术，掌握微藻的常规活体培养方法，为进一步的微藻研究工作打好基础。

二、实验用具及材料

(1) 仪器及耗材:显微镜、载玻片、盖玻片、滴管、试管、摇床、培养皿、高压灭菌锅、天平。

(2) 试剂:f/2 培养基中的各营养元素、过滤海水。

(3) 藻种:含微藻的自然海水、人为混合藻种。

三、微藻培养基的配制

藻类培养液有多种,根据培养对象不同,可选择不同的培养基配方。f/2 培养基 (Guillard f/2 medium) 是一种常规并广泛使用的通用型加富海水培养基,旨在用于培养沿海海洋藻类,特别是硅藻。可为微藻长期、高密度培养提供营养。该培养基的配方用量是原始 f 培养基的一半,其配方见表 1-4 和表 1-5。

表 1-4 f/2 培养基配制

盐类	储液	加入量/mL	培养液中的终摩尔浓度/(mol·L^{-1})
NaNO$_3$	75 g/L dH$_2$O	1	8.82×10^{-4}
NaH$_2$PO$_4$·H$_2$O	5 g/L dH$_2$O	1	3.62×10^{-5}
Na$_2$SiO$_3$·9H$_2$O*	30 g/L dH$_2$O	1	1.06×10^{-4}
f/2 微量元素溶液	—	1	—
f/2 维生素溶液	—	0.5	—
注:本配方适用于目前生产上使用的各种微藻的培养。配制培养基时先配成储液保存,使用时将各储液按加入量添加至 950 mL 过滤海水中,再加过滤海水至最终体积为 1 L,高压灭菌。 *用于硅藻培养时,应加入 Na$_2$SiO$_3$,而当藻类不需要硅时可不添加硅元素,因在高压灭菌时 f/2 培养基会产生硅沉淀			

表 1-5 f/2 微量元素和维生素储液的配制

化合物	储液	加入量	培养液中的终摩尔浓度/(mol·L^{-1})
f/2 微量元素储液:先配制储液,将各储液按加入量添加至 950 mL dH$_2$O 中,再加 dH$_2$O 至终体积为 1 L,高压灭菌			
FeCl$_3$·6H$_2$O	—	3.15 g	1.17×10^{-5}
Na$_2$EDTA·2H$_2$O	—	4.36 g	1.17×10^{-5}

续表 1-5

化合物	储液	加入量	培养液中的终摩尔浓度/(mol·L^{-1})
$CuSO_4 \cdot 5H_2O$	9.8 g/L dH_2O	1 mL	3.93×10^{-8}
$Na_2MoO_4 \cdot 2H_2O$	6.3 g/L dH_2O	1 mL	2.60×10^{-8}
$ZnSO_4 \cdot 7H_2O$	22.0 g/L dH_2O	1 mL	7.65×10^{-8}
$CoCl_2 \cdot 6H_2O$	10.0 g/L dH_2O	1 mL	4.20×10^{-8}
$MnCl_2 \cdot 4H_2O$	180.0 g/L dH_2O	1 mL	9.10×10^{-7}
f/2 维生素储液：先配制储液，再以 950 mL dH_2O 溶解 Thiamine，加入 1 mL 各储液，最后加入 dH_2O 至终体积为 1 L，过滤灭菌后储于冰箱			
Thiamine HCl（Vit. B_1）	—	200 mg	2.96×10^{-7}
Biotin（Vit. H）	1.0 g/L dH_2O	1 mL	2.05×10^{-9}
Cyanocobalamin（Vit. B_{12}）	1.0 g/L dH_2O	1 mL	3.69×10^{-10}

四、微藻的分离纯化培养

1. 微吸管分离法

在无菌操作条件下，用极细的微吸管，在显微镜下把目标藻样从一个玻片移到另一个玻片，采用同样的方法反复操作，直到镜检水滴中只有目标单种为止。由于吸取的藻细胞为单个细胞，因此该方法的优点是易找到特定种类，仅分离 1 次就可以获得单克隆藻种，所用设备也比较简单。但是这种分离方法操作起来技术难度较大，对于微小的藻细胞不好吸取，因此只适合于细胞较大或丝状的藻类。此外，由于分离培养为单个藻细胞培养，细胞密度低，因此很容易造成分离培养的失败。

（1）将玻璃毛细管在酒精灯上加热，用镊子拉成极细的微管（口径至 0.008～0.160 mm，圆口），顶端套 1 条长约 8 cm 的医用乳胶管，分离操作时，用手指压紧乳胶管以控制吸取动作。

（2）将待分离藻液滴在载玻片上，形成一些绿豆粒大小的水滴，这样可使每个水滴中只有少量生物而便于分离。在 10× 或 20× 的显微镜下观察，将微吸管放入水样的瞬间，毛细管会自动吸入微量水样，微藻随水样被吸入微吸管。

（3）将要分离的藻体吸出后，滴加到另一滴无菌培养液中冲洗，显微镜下检查是否只吸到藻细胞，用微吸管再次吸取目标藻种。

（4）重复数次，直到获得单个的目标藻种，将分离和清洗后的单个藻种移入装有约 1 mL 灭菌培养基的试管中，在适宜的光照条件下静置培养。

（5）待试管有藻色后镜检，如确定为单种，待生长旺盛后，再扩大培养。

2. 水滴分离法

在无菌操作的条件下，把要分离的藻样用微吸管在玻片上滴成大小合适的小水滴，镜检水滴中只有 1 个要分离的单种，即可冲入试管培养。水滴分离法操作简便易行，对藻细胞大小没有限制，尤其适于分离已在培养液中占优势的种类。其关键是藻样稀释要适宜（稀释至每个水滴只有 1~2 个藻细胞），水滴大小要适宜，以在低倍镜下能看到水滴全部或大部分为宜，并且观察要准确、迅速。

（1）用小烧杯装稀释的藻样，将微吸管插入藻样中，提取微吸管，让多余的藻液滴出，然后把管口与消毒过的载玻片接触，即使 1 个小水滴留在载玻片上。

（2）1 个载玻片滴 3~4 滴，间隔一定距离，然后在显微镜下观察。

（3）若 1 个水滴中只有 1 个需要分离的藻细胞（无其他生物混杂），则用移液管吸取培养液把该水滴冲入试管中，试管口塞上棉塞，放在适宜的条件下培养。

（4）待试管有藻色后镜检，如确定为单种，待生长旺盛后，再扩大培养。

3. 平板分离法

当藻细胞直径小于 10 μm 时，可以采用划平板法或平板涂布分离法进行藻种分离。在常规的液体培养基中加入一定量的琼脂，琼脂溶解和高温高压灭菌后，把要分离的藻样接种在培养基上，通过一定时间的培养，在培养基上长出单个的藻落，从而达到分离的目的。

（1）在常规的液体培养基中加入 1.5% 的琼脂，加热溶解后，分装到三角烧瓶中 121 ℃ 灭菌 20~30 min。

（2）灭菌结束后待培养液的温度凉至 40~50 ℃ 时，将培养基迅速倒入无菌培养皿中（无菌操作），摇匀后即制成固定培养基备用。

（3）在超净工作台上进行接种。接种环在酒精灯上灭菌后，蘸取藻样轻轻在培养基平面上做第一次划线，划 3~4 条，把培养皿转动约 70° 角，并把接种环在酒精灯上灭菌，通过第一次划线区做第二次划线。用同样的方法做第三、第四次划线。由于第一次划线接种环上的藻细胞比较多，在第一次划线区藻细胞可能密集不能分离开，但通过后面的划线可能分离出单独的藻类群落。平板划线可采用平行划线、扇形划线或其他连续划线的方式。

（4）划线后的平板可放在培养箱内，给予光照，培养 1 周后用显微镜检查，用纤细的解剖针把单个的目标藻落连同一小块培养基取出，挑取单藻落接入液体培养基中进行培养。

（5）培养一段时间，待试管中有藻色后镜检，如无其他生物混杂，应为单藻株，若不是单藻株，则继续用上述方法进行提纯，直至分离出较纯的单克隆藻种。

4. 稀释分离法

样品系列稀释分离法设备简单，操作简便，工作量小，但是这个技术有很大的盲目性，分离的样品很可能来自2种或更多的细胞，分离的微藻单种不一定是目标种，可能分离到其他种或新种。该法对于从天然水域采取水样的初步分离非常适合，而且对于微藻的种类、大小没有限制，1次可进行多个操作，成功率较高。

（1）取已消毒试管5只，在第1管盛超纯水10 mL，第2～5管都盛超纯水5 mL。

（2）第1管用滴管滴入混合藻液1～2滴，充分振荡，使其均匀稀释。再用消毒吸管，从第1管中吸取5 mL滴入第二管中如前振荡，使其均匀稀释。依次同样滴入第3～5管，并都充分均匀稀释。

（3）把5个已盛有消毒琼胶培养基的培养皿加热，使之溶解，待其冷却而尚未凝固时，分别滴入5个试管的藻液各1滴，用力振荡，使藻液充分混入培养基中。待冷凝后，把5个培养皿放在有漫射光的窗口，直到出现藻群为止。

（4）在20 ℃左右时，约10 d即出现藻群。用消过毒的白金丝取些藻群，进行琼胶固体培养基的不通气培养。此过程反复进行多次，直至得到完全分离的纯藻种群为止。

五、作业及思考

（1）试采用微吸管法或水滴法分离目标藻种。
（2）分析各种微藻分离纯化方法的优缺点。

第六节　叶绿素含量测定

一、目的要求

（1）叶绿素是海洋植物进行光合作用的物质基础，是自然界中光能转换成化学能的纽带，它对地球上的生命物质具有极为重要的意义。

（2）学会使用分光光度法（SL88—2012）分析水中叶绿素含量，测定藻培养液或海水表层水样中叶绿素的含量。

二、实验用具及材料

1）仪器及耗材：可见光分光光度计、抽滤器、微孔滤膜、真空泵、低温冰箱、离心机、培养皿、10 mL 具塞离心管、铝箔、镊子。

2）试剂：1% 碳酸镁悬浊液、90% 丙酮溶液和 0.1 mol/L 盐酸溶液。

（1）1% 碳酸镁悬浊液：将 1.0 g 细粉末状的 $MgCO_3$ 加入到 100 mL 超纯水中，装于 100 mL 洗瓶中，使用前用力振摇，取几滴即可。

（2）90% 丙酮溶液：在 900 mL 丙酮中加 100 mL 纯水。该试剂装于盖密的瓶中，保存在暗处。

（3）0.1 mol/L 盐酸溶液：将 8.5 mL 浓盐酸加入 500 mL 纯水中，冷却至室温后稀释至 1000 mL。

3）藻种：自然海水、藻培养液。

三、叶绿素含量测定方法

1. 方法原理

将一定量水样用玻璃纤维膜过滤，收集藻类，使用反复冻融法对藻类细胞进行破碎，用 90% 丙酮溶液提取叶绿素，根据叶绿素光谱特性依次测定 750 nm、664 nm、647 nm 和 630 nm 波长处的吸光度，计算叶绿素含量。

2. 测定步骤

（1）根据不同的水体，采集 500～1000 mL 水样于棕色玻璃瓶或深色塑料瓶中，每升水样加入 1 mL 1% 的碳酸镁悬浊液，以防止酸化引起的色素溶解。

（2）水样应避光保存，低温运输。采样后 24 h 内用微孔滤膜过滤水样，将海水样品倒入带有 0.45 μm 微孔滤膜的过滤器中过滤样品。

（3）过滤后的滤膜经风干、转移、折叠放在干燥器中。滤膜应对半折，用一张普通滤纸垫着，另用一张滤纸紧固以便保存。如果不能马上进行分析，在 -20 ℃下至少可保存 30 d。

（4）将滤膜转移到 10 mL 离心管中，加 10 mL 90% 丙酮溶液到管中，充分振摇，置于暗处过夜（最好冷冻）。

（5）将离心管放入离心机中，以 3500 r/min 的速度离心 15 min。

（6）将离心后的上清液倒入 1 cm 比色皿中，以 90% 丙酮溶液作参比，分别在 750 nm、664 nm、647 nm 和 630 nm 波长处测定吸光度值，记录于表 1-6 中。

表 1-6 叶绿素 a、b、c 分光光度法测定记录

采样时间	取样体积/L	提取液体积/mL	各波长时的吸光值/nm				结果/（μg·L^{-1}）			备注
			750	664	647	630	叶绿素 a	叶绿素 b	叶绿素 c	

（7）当含有脱镁叶绿素 a 时，应在测定叶绿素 a 的含量的同时测定脱镁叶绿素 a 的含量。具体做法是：向装有离心上清液的 1 cm 比色皿内滴加 0.1 mol/L 的盐酸溶液 40 μL（约 1 滴），酸化 20 min 后测定 750 nm 和 665 nm 波长处的吸光度值。

3. 叶绿素含量的计算公式

按下列公式计算叶绿素 a、叶绿素 b 和叶绿素 c 的含量：

$$\rho_{chl-a} = \frac{[11.85 \times (A_{664} - A_{750}) - 1.54 \times (A_{647} - A_{750}) - 0.08 \times (A_{630} - A_{750})] \times V_1}{V_2 \times L}$$

$$\rho_{chl-b} = \frac{[21.03 \times (A_{664} - A_{750}) - 5.43 \times (A_{647} - A_{750}) - 2.66 \times (A_{630} - A_{750})] \times V_1}{V_2 \times L}$$

$$\rho_{chl-c} = \frac{[24.52 \times (A_{664} - A_{750}) - 7.60 \times (A_{647} - A_{750}) - 1.67 \times (A_{630} - A_{750})] \times V_1}{V_2 \times L}$$

式中：ρ_{chl-a}、ρ_{chl-b} 和 ρ_{chl-c}——水样中叶绿素 a、叶绿素 b 和叶绿素 c 的质量浓度，μg/L；

A_{750}、A_{664}、A_{647} 和 A_{630}——提取液在波长 750 nm、664 nm、647 nm 和 630 nm 处的吸光度值；

V_1——提取液体积，mL；

V_2——水样体积，L；

L——比色皿光程，cm。

4. 校正脱镁叶绿素 a 的含量的计算公式

按下列公式计算校正脱镁叶绿素 a 后的叶绿素含量：

$$\rho'_{chl-a} = \frac{26.7 \times [(A_{664} - A_{750}) - (A_{665a} - A_{750a})] \times V_1}{V_2 \times L}$$

$$\rho_{che-b} = \frac{26.7 \times [1.7 \times (A_{665a} - A_{750a}) - (A_{654} - A_{750})] \times V_1}{V_2 \times L}$$

式中：ρ'_{chl-a}——水样中校正脱镁叶绿素 a 后叶绿素 a 的质量浓度，μg/L；

ρ_{che-b}——水样中脱镁叶绿素 a 的质量浓度，μg/L；

A_{750} 和 A_{664}——提取液酸化前在波长 750 nm 和 664 nm 处的吸光度值；

A_{750a} 和 A_{665a}——提取液酸化后在波长 750 nm 和 665 nm 处的吸光度值；

V_1——提取液体积，mL；

V_2——水样体积，L；

L——比色皿光程，cm。

5．注意事项

（1）使用的玻璃器皿和比色皿均应清洁、干燥，不应用酸浸泡或洗涤。

（2）因为叶绿素提取液对光敏感，故样品应尽快测定，提取操作等应在低温、弱光下进行。

（3）比色皿应事先用 90% 的丙酮溶液进行校正。

（4）提取液 750 nm 处吸光度值应不超过 0.005，否则提取液应重新离心并用针式过滤器过滤。

（5）提取液 664 nm 处的吸光度应介于 0.1～1.0 之间，否则应将提取液稀释或更换不同光程的比色皿。

四、作业及思考

（1）计算海水样品、培养藻液中的叶绿素浓度。

（2）分析叶绿素含量测定过程中的要点。

第七节　植物绘图方法

一、目的要求

（1）绘图是生物实验中的一个重要内容，是记录生物学现象的一个重要手段。海洋植物许多重要的形态特征，可通过绘图的方法，简单明确地表现出来。

（2）了解生物绘图的要求，初步掌握生物绘图的基本方法。

二、实验用具及材料

（1）HB 及 2H 或 3H 绘图铅笔、橡皮、直尺、绘图纸、铅笔刀、玻片、显微镜。

（2）各种微藻细胞标本。

三、基本步骤

（1）绘图前认真地观察标本，清楚实物标本的结构特点，切忌仿照书本或凭空想象。根据绘图纸张大小和绘图的数目，安排好每个图的位置及大小，并留好注释文字和图名的位置。

（2）将图纸放在显微镜右方，依观察结果，先用 HB 铅笔轻轻勾一个轮廓，确认各部分比例无误后，再用 2H 或 3H 铅笔把各个部分勾画出来。

（3）生物绘图通常采用"积点成线，积线成面"的表现手法，即用线条和圆点来完成全图。绘线条时要求所有线条都均匀、平滑，无深浅、虚实之分，无明显的起笔、落笔痕迹，尽可能一气呵成，不反复。圆点要点得圆、点得匀，其疏密程度表示不同部位颜色深浅。

（4）细胞壁和细胞核等轮廓用实线画出，要求线条光滑匀称、粗细一致。细胞质和核质等用圆点表示，其浓密、明暗程度用点的疏密表示，不可用铅笔涂抹。图中点与线不可重复描绘。不能用涂抹阴影的方法以代替圆点。

（5）某些不易观察清楚的结构可以适当参考教科书上的图谱绘制，但不可以在没有认真观察的基础上就模仿教科书上的图谱随便绘制或抄袭他人实验报告。

（6）绘好图之后，用水平直线在图的右侧引出标注，标注内容多时可用折线，标注必须整齐一致，切忌用弧线、箭头线、交叉线等做标注。注字应详细、准确，同时要求所有引线右边末端在同一垂直线上。

（7）绘图完成后要在绘图纸上方写明实验名称、班级、姓名、时间，在图的下方注明图名及放大倍数。图及图注一律用铅笔书写，通常用2H或3H铅笔。实验题目写在绘图报告纸的上方，图题写在图的正下方。

四、注意事项

（1）所有绘图和注字都必须使用HB、2H或3H铅笔书写，不可以用钢笔、圆珠笔或其他笔。

（2）图具有高度的科学性，不得有科学性错误，形态结构要准确，比例要正确，要求具有真实感、立体感，精美而美观。

（3）图面要力求整洁，铅笔要保持尖锐，尽量少用橡皮。

（4）绘图大小要适宜，位置略偏左，右边留着注图。

（5）绘图的线条要光滑、匀称，点点要大小一致。

（6）绘图要完善，字体用正楷，大小要均匀，不能潦草。

（7）注图线用直尺画出，间隔要均匀，图注要尽量排列整齐。

五、作业及思考

（1）对显微镜下观察到的微藻细胞及其形态结构进行绘图，并标注其结构。

（2）对所绘图谱的质量进行评价，并分析可改进要点。

第二章　海洋微型藻类观察

第一节　中心硅藻的形态特征及代表种类

一、目的要求

（1）掌握中心硅藻的基本形态结构，了解硅藻壳面花纹的特点，认识硅藻壳环面的间生带类型，观察硅藻细胞表面突出物结构，了解多数中心硅藻适应浮游生活的生理机制。

（2）掌握直链藻、圆筛藻、盒形藻、根管藻、角毛藻、骨条藻和双尾藻等重要属的基本特征，认识中心硅藻中常见的浮游硅藻和饵料生物的代表种类（属）。

二、实验用具及材料

（1）仪器耗材：科研型显微镜＋共览制片标本系统、光学显微镜、载玻片、盖玻片、滴管、镊子和解剖针。

（2）标本：各类中心硅藻的纯培养液、浸制混合液或制片标本。

三、实验方法

（1）用滴管吸取 1 滴活的或浸制的标本，滴于载玻片上，然后小心加上盖玻片，先在低倍镜下找到较大的藻体，然后转高倍镜下观察其细胞结构。

（2）为了能观察各类中心硅藻上壳、下壳、壳环、壳套的位置，用解剖针针尖轻压盖玻片，使藻体翻转。

四、中心硅藻的主要形态结构观察

（1）中心硅藻类原属硅藻门（Bacillariophyta）中心硅藻纲（Centricae），也有学者将其归为异鞭藻门（Heterokontophyta）硅藻纲（Bacillariophyceae）盒形藻目（Biddulphiales）。多为海产浮游单细胞植物，可以连成形态多样的群体。细胞形似小盒（图 2-1），由上、下两壳组成，上壳稍大，套合在外。壳的顶面和底面称为壳面，壳边称为连接带，上、下连接带统称为壳环带或壳环。

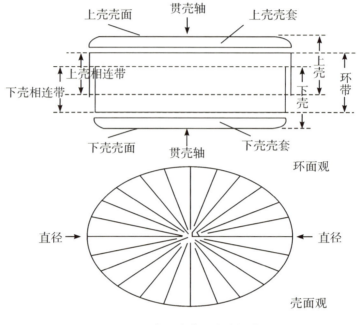

图 2-1 中心硅藻细胞壁构造

（2）大多数硅藻壳面呈圆形，也有呈三角形和多角形等，细胞壁上都有内凹和外凸的部分。壳面一般具一中心，自中央一点向四周呈辐射状排列花纹，花纹主要有点纹、条纹或孔纹。点纹为普通显微镜下可分辨的细小孔点，单独或成条（点条纹）；孔纹为硅质壁上粗的孔腔，大部分为结构复杂的六角形。

（3）细胞壁常具有突起和刺毛的构造。刺一般细而不长，末端尖，其数目、长短不一，最粗大的刺如双尾藻，中等的刺如盒形藻，较小的刺如圆筛藻的缘刺；毛为较细长的突出物，长度常为细胞直径的数倍，有的种类在粗毛里还有色素体；角、突起是细胞壁向外的头状突出物，如弯角藻 2 个细胞突起相互连接，其间的空隙，称为胞间隙。胞间隙形状多种，有圆形、方形和六角形等。

（4）在样品中常见处于细胞分裂中的各类硅藻。硅藻常用一分为二的繁殖方法产生。产生的 2 个子细胞中，1 个以母细胞的上壳为上壳，故与母细胞同样大，1 个以母细胞的下壳为上壳，故略小于母细胞。

（5）观察重点：各类硅藻的细胞形状（圆盘形、圆柱形或其他）、生活方式（单独或群体）、群体的连接方式（细胞壁、胶质、刺毛或突起等）、细胞壁上的花纹类型（点纹或孔纹）；圆筛藻的中心玫瑰纹、孔纹大小及其排列方式（孔纹是分种依据之一）；角毛藻的端角毛、内角毛、胞间隙和色素体等（角毛特征是分种依据之一）；根管藻节间带的形状、壳面突起的形状（突起末端是否有刺是分种依据之一）；盒形藻的细胞突起及突起间的刺（刺的长短和粗细是分种依据之一）。

五、常见属及代表种类

1. 直链藻属（*Melosira/paralla*）

直链藻属壳体圆柱形，常由壳面互相连接成长或短的链状群体。壳面圆形，平或凸起，有或无纹饰。带面观常有一环状缢缩，称为环沟，环沟间平滑，其余部分平滑或具纹饰，无环沟的种类，整个带面均具或不具纹饰。当有些种类具有2个环沟时，2个环沟之间部分称为"颈部"。两壳体间有沟状缢入部，称为"假环沟"。壳面常有棘或刺。直链藻属的种类是淡水浮游硅藻的主要组成之一。生长在透明度较高的池塘、沟渠、浅水湖泊及水流缓慢的溪流中。在早春和晚春生长旺盛。

（1）颗粒直链藻（*Melosira granulate*）：壳体圆柱形，细胞以壳盘边缘刺连成长链状群体。壳面直径10～22 μm，高12～20 μm。壳套面较发达，壁厚，环沟不深。点纹形状不规则，常呈现方形或圆形，除端细胞为纵向排列外，其他细胞均为螺旋状排列。链状群体点纹具有多型：①粗点型，壳套面仅具粗点纹，8～9条/10微米，每条具8～10个点纹；②粗细点纹型，部分壳套具细点纹，10～15条/10微米，每条具10～12个点；③细点型，除端细胞外，壳套面仅具细点纹。壳盘缘除端细胞具不规则的长刺外，其他细胞均具小短刺。本种为淡水种，是世界广分布种。

（2）颗粒直链藻极狭变种（*Melosira granulate var. angustissima*）：此变种与原变种不同之处为链状群体细而长，壳体高度为直径的几倍到10倍。点纹10～14条/10微米；细胞直径3～4.5 μm，高11.5～17 μm。本种为淡水种，是世界广分布种。

（3）变异直链藻（*Melosira varians*）：壳体圆柱形，连成紧密的链状群体，直径7～35 μm，高4～27 μm。壳套壁略薄，均匀，壳套内外线平行，假环沟窄而不深；环沟和颈部缺失。在分辨率高的显微镜下能观察到外壁上有极细的点纹，整个壳面散生着细小、排列无规则的点纹，其间散生略粗的点纹，并可见壳缘有齿，顶端无棘刺。壳盘面平坦，盘缘向下弯曲，具极细的齿。本种为淡水、半咸水种，在各种类型的内陆水体或泥土中到处可见，尤其在淡水浮游生物中更为普遍。在夏季富营养型湖泊或中污染水体中常大量出现，为有机污染水体的指示生物。

2. 圆筛藻属（*Coscinodiscus*）

圆筛藻属细胞通常呈盘状，壳面圆形。壳面有网眼状或点纹状等刻纹，明显而排列较均匀，有时边缘具小刺。色素体小而多。壳体单生，不形成链状群体，壳体盘状或短圆柱形。壳面圆形，少数为椭圆形或不规则形状；平坦或同心波曲，很少切向波曲；壳面的纹饰为粗网孔状，一般为六角形排列成紧密的网孔，有的网孔呈圆形；粗网孔在壳面呈辐射状排列，分束的、螺旋列的或弯曲的切线列，很少为不规则的排列。壳面中央的粗网孔有时特别粗大，排列似玫瑰形，称为中央玫瑰区；有的壳面中央平滑无纹饰，称为中央无纹区，若无纹区较小，则称为裂隙。壳缘有小刺及辐射列的线纹，有的具不对称的真孔，能分泌胶质使细胞附着；色素体多数，为小盘状或小片状。本属主要为海洋浮游种类，也可见于半咸水水体中。

（1）中心圆筛藻（*Coscinodiscus centralis*）：细胞圆盘形，壳面凸起呈表面皿状，直径62～304 mm。壳面正中有明显玫瑰区。室由中央（5～5.5个/10毫米）向外方逐渐变小（6～7个/10毫米），呈螺旋状和放射状交叉排列。2个大唇形突呈圆锥形，位于壳缘，相距110°左右。缘刺小，1～2个/10毫米，缘刺内侧由无纹线向壳面中央伸入。壳缘狭窄，有辐射线条。细胞环面高度小于壳面直径的1/2，在壳环带有多数间插带。本种为广温性，广泛分布于大洋和近岸。

（2）星脐圆筛藻（*Coscinodiscus asteromphalus*）：细胞直径大多为260～300 μm。细胞壁硅质化程度较高。网纹呈辐射或螺旋状排列整齐，大小几乎一致，或向外围略缩小。壳面有明显的大玫瑰纹，玫瑰纹的中央常有无纹区。玫瑰纹外围的2～3圈室较扁而长，略呈六角形，形状不规则，其余的室都呈规则的六角形，大小相仿。色素体小而多。该种是我国常见的种类之一，渤海、黄海、东海及南海均有分布。

（3）虹彩圆筛藻（*Coscinodiscus oculusiridis*）：藻体细胞直径100～300 μm。壳面中央玫瑰区大而明显，有时有小无纹区。室呈放射状和螺旋状排列，壳由玫瑰区周围（3～5个/10微米）向细胞边缘方向逐渐增大（2.5～3.5个/10微米），边缘处有1～2行小室（5～6室/10微米）。壳缘有相距90°的2个缘孔。本种与星脐圆筛藻常易混淆，两者的细胞直径、形状和中央玫瑰纹的形态甚相似，而前者的室自壳面中央向外逐渐增大，到壳边缘有1～2圈小室，后者壳面的室大小近似，或较玫瑰纹附近者略为缩小，到壳面边缘有多圈小室（一般3～5圈）。另外，本种室的筛孔不及星脐圆筛藻明显。本种为广温性，广泛分布于世界各海洋，中国海域均产。

（4）琼氏圆筛藻（*Coscinodiscus jonesianus*）：本种细胞直径差别较大。壳面室较小，中部室6.5个/10微米，外围约9个/10微米，呈放射状和螺旋状排列。壳面生小刺，壳缘有2个相距120°的圆锥形，中部有沟的大缘突。色素体多数，小颗粒状。本种为偏暖性大洋及沿岸种类，半咸水区域亦有。中国海域几乎全年皆有。

3. 冠盘藻属（*Stephanodiscus*）

冠盘藻属细胞多呈圆盘形，少数呈鼓形或圆柱形。单独生活或紧密连接成链状群体。壳面圆形，中央凸起或凹下，具辐射状排列的细点条纹，各点条纹之间有无纹的间隙，中央部分较稀，不规则。壳缘具一圈短刺。壳环面有环带。

星冠盘藻（*Stephanodiscus astraea*）：细胞呈圆盘状，壳面呈同心圆的起伏，直径 30～70 μm。具辐射状的长短不一的点条纹，9 条/10 微米，点条纹间有无纹间隙。点纹在壳面中央较稀，且不规则。壳缘有 1 圈显著的刺，呈冠状。色素体多，小板状。

4. 小环藻属（*Cyclotella*）

小环藻属单细胞或 2～3 个细胞相连。细胞呈圆盘形，壳面花纹分外围和中央区，外围有向中心伸入的肋纹，肋纹有宽有窄，少数呈点条状。中央区平滑无纹或具向心排列的不同花纹。壳面平直或有波状起伏。色素体盘状，多数。

梅尼小环藻/孟氏小环藻（*Cyclotella meneghiniana*）：细胞单独生活，壳体鼓形。壳面圆形，呈切向波曲，直径 11～15 μm。边缘区宽度约为半径的 1/2，具辐射状的，粗而平滑的楔形肋纹，10～12 个/10 微米。中央区平滑或具 2 个粗点。近岸浮游或附着生活。本种为淡水、半咸水种，是世界广分布种。

5. 半盘藻属（*Hemidiscus*）

半盘藻属细胞呈桔瓣形或近半球形，断面楔形。壳面半月形。壳套不明显。壳面切顶轴明显短于顶轴。细胞壁薄或厚。壳面上孔纹细致，呈辐射状排列，通常略成束。壳缘生 1 圈唇形突。有的种壳面腹缘中部有 1 个伪结节，中央有或无纹区。色素体多数，小颗粒状。本属为海产，分布在热带，外洋或沿岸浮游生活。

哈氏半盘藻（*Hemidiscus hardmannianus*）：细胞呈近半球形，壁薄且大，顶轴长 65～486 μm，切顶轴长 3～167 μm，单个浮游生活。壳面半月形，背侧呈弧形弯曲，腹面平直，两端钝圆。窄壳环面窄楔形。沿壳面边缘（腹缘），每隔 7～15 μm 的距离，生 1 个向细胞内突入的微细头状小棘（唇形突），自小棘的基部有无纹线向壳面中央分布。壳面有六角形室纹自壳面中央略呈束状射出。壳面背向一侧面小室为 12～13 个/10 微米，腹向一侧面者较小，为 13～15 个/10 微米。壳面中央有或无空白的无纹区。色素体呈颗粒状，小而多。本种为热带海产浮游性种。

6. 星脐藻属（*Asteromphalus*）

星脐藻属藻体单独生活，壳面常呈椭圆形，从壳面中心生出的放射无纹区中有 1 条特细，其余皆大小相近。本属为热带性，皆为海生种。

粗星脐藻（*Asteromphalus rubustus*）：藻体壳面圆形至椭圆形，中央星脐区较大，约为壳面直径的1/2，壳面有8～9个粗无纹区和1个细无纹区。本种为广温性底栖种，偶尔营浮游生活。中国厦门、南海有记录，数量少。

7. 海链藻属（*Thalassiosira*）

海链藻属细胞呈圆盘形，以1条胶质线相连成串，或埋在胶质块内。群体生活，极少数单个生活。壳面点纹，壳缘有许多小刺。间生带明显，呈环纹状或领纹状。

诺氏海链藻（*Thalassiosira nordenskioldi*）：藻体细胞环面观呈八角形，壳面边缘生1圈向外散射的小刺，有时刺较长。色素体小盘状，多数。本种为北方沿岸性种类，太平洋东北部极丰富。在我国主要分布在黄渤海、东海至台湾海峡。

8. 娄氏藻属（*Lauderia*）

娄氏藻属藻体圆柱状，直径40 μm左右，高50 μm左右。壳面圆形，中央略凹，边缘生许多长短不一的小棘（支持突）。以壳面的小棘连接成直链状群体，相邻细胞壳面中央部分通常相接连。环面生许多环状间插带。壳面与环面都有细密的孔纹；壳面观呈放射状排列，环面观呈直行排列。色素体多，小板状，具囊状突起。在中国只有1种，为广温性近岸种。

环纹娄氏藻/环纹劳德藻/北方劳德藻/北方柱链藻/北方娄氏藻（*Lauderia annulata/lauderiaborealis*）：藻体细胞短圆柱状，壳面隆起，中央略凹，相邻细胞通过长短不一的小棘连成直链状群体。色素体小板状，多数。本种为广温近岸性种。中国各海域均产。

9. 骨条藻属（*Skeletonema*）

骨条藻属细胞呈透镜形或圆柱形，壳面圆而鼓起，细胞间靠细刺组成长链，有8～30条刺。细胞间隙长短不一，比细胞本身长。壳面点纹极微细，不易见到。

中肋骨条藻（*Skeletonema costatμm*）：直径6～7 μm，特征同属。可作斑节对虾、河蟹育苗饵料。本种为广温广盐性代表种类，且为世界广布性种，沿岸数量最多。中国海域均产，其大量繁殖可形成翠绿色赤潮，为中国沿海常见赤潮种。

10. 冠盖藻属（*Stephanopyxis*）

冠盖藻属细胞壳面圆形，略鼓起。壳缘着生1圈管状刺，与壳环轴平行，以此连成短链。细胞壁有明显的六角形孔纹,无间生带。色素体多而小,呈片状或颗粒状。

(1) 掌状冠盖藻(*Stephanopyxis palmeriana*):细胞呈短圆柱形,直径约 100 μm。藻体细胞球形或短圆筒状,壳面微鼓起,壳面边缘生 1 圈管状刺,相邻细胞通过管状刺连成直链状群体。色素体小盘状,多数。本种为近岸偏暖性种类,营浮游生活。我国南海、东海和黄海均有分布。

(2) 塔状冠盖藻(*Stephanopyxis turris*):细胞呈长圆柱形,直径约 30 μm。本种与掌状冠盖藻的区别在于细胞较细长,为长卵形。

11. 几内亚藻属(*Guinardia*)

几内亚藻属壳面圆,壳套很低。细胞壁薄,花纹细弱。细胞环面观呈圆筒形,有许多间插带,以壳面边缘及其 1 个或 2 个钝齿状突起与邻细胞壳面相应部位连接成直链,因细胞壁薄,链常易断开。

薄壁几内亚藻/萎软几内亚藻(*Guinardia flaccida*):藻体细胞呈长圆柱形,壳面有 1~2 个钝突起,单个生活或彼此以壳面连成短链,间插带领状。色素体颗粒状或棒状,多数。本种为热带近海浮游种,可作为暖流指标。热带水域常见。

12. 细柱藻属(*Leptocylindrus*)

细柱藻属细胞呈长圆柱形,直径 8~12 μm,长 31~130 μm,长为宽的 2~12 倍。断面正圆形,壳面扁平或略平或略凹。细胞以壳面相连接组成直链,两相连细胞之间只有一层细胞壁。细胞壁薄,无花纹。色素体颗粒状,数量 6~33 个。

丹麦细柱藻(*Leptocylindrus danicus*):藻体细胞呈长圆柱形,在普通光学显微镜下看不到间插带。色素体小板状,多数。本种是沿岸性种,分布极广。我国的南海、东海和黄海均有分布。

13. 根管藻属(*Rhizosolenia*)

根管藻属单细胞或组成链状群体,细胞呈长圆柱形,断面椭圆形至圆形,扁平或略凸,或伸长呈圆锥形突起,其末端具刺,刺常伸入邻胞而连成链状。细胞壁薄,有排列规则的点纹。壳环面长。间生带呈环形、半环形或鳞片状。

(1) 刚毛根管藻(*Rhizosolenia setiger*):细胞呈棒状,单个生活,少数组成短链,直径 7~18 μm。壳面斜圆锥形,稍带倾斜。末端生有细长而直的刺。刺基长,粗而坚固,末端呈细毛状。本种为沿岸广温、广盐性种类,早春或盛夏是其盛产期。我国南海、东海、黄海和渤海均有分布。

（2）笔尖根管藻（*Rhizosolenia styliformis*）：藻体细胞呈细长的圆筒状，壳面呈高斜锥形凸起，顶端有一小刺，刺两侧生翼。间插带背腹排列。色素体小颗粒状，多数。本种为广温性外洋种。中国海域均产。

（3）翼根管藻（*Rhizosolenia alata*）：细胞单独生活或组成短链，长柱形，直径 12～20 μm。壳面凸，较细长，向背腹面略弯曲，壳面上有明细的凹痕。色素体多数，颗粒状。本种为海水种。

斯氏根管藻/旋链根管藻（*Rhizosolenia stolterfothii*）/斯氏几内亚藻（*Guinardia striata*）：藻体细胞弧形弯曲，壳面平，其上斜向外生一短刺，以此短刺插入邻细胞形成螺旋状群体，间插带领状。色素体小椭球形，多数。本种为广温广盐性，世界广布性种。中国各海域均产。

（4）中华根管藻（*Rhizosolenia sinensis*）：本种与斯氏几内亚藻相似，但本种壳面凸凹不平，间插带锯齿状。本种为暖水性广布种。中国南黄海、东海、南海均产。

14. 辐杆藻属（*Bacteriastrum*）

辐杆藻属细胞为圆柱形，壳面扁平。壳周射出 1 圈刺毛，壳面观"Y"字形。端细胞壳刺单条，略呈弧形弯转。细胞间隙小。海产。

透明辐杆藻（*Bacteriastrum hyalinum*）：细胞短圆柱形。壳面正圆形。直径 13～76 μm，直径大小与地区温度高低有关。呈链状群体，胞间隙狭。刺毛由壳缘向四周射出，每个壳面 7～25 条。链内刺毛与链轴垂直射出，"Y"字形基部短于分叉部。前者相当于细胞直径，后者无波状弯曲。端刺毛较粗壮，两端同型，皆弯向链内，如同雨伞。刺上呈螺旋排列小棘。色素体多而小。核位于中央，具休止孢子和小孢子。本种为广温广盐沿岸种，河口也有。

15. 角毛藻属/角刺藻属（*Chaetoceros*）

角毛藻属/角刺藻属细胞壳面上的构造极为微细而精致，一般不易看清，细胞常借角毛与邻细胞交接而成链状群体或靠壳面连成群体，少数种类为单细胞。细胞为短圆柱形，壳面大多是椭圆形，断面椭圆形或圆形。从细胞四隅生出的角毛比细胞长，并且相互交叉，构成链状群体。具有细胞间隙。色素体数目、形状、大小、位置都随种而异，是分类根据之一。本属是常见的、重要的浮游硅藻之一，和骨条藻属在近岸（尤其河口附近）浮游生物群中占有很重要的位置。其中，洛氏角毛藻和窄隙角毛藻分布最广；假弯角毛藻为热带、亚热带种，并与暖流强弱有关；双突角毛藻为近岸偏暖广盐种；爱氏角毛藻为近岸广温广盐性种；密联角毛藻为外海性种，产于热带和亚热带海区。本属有 140 余种，中国记录 50 余种。

(1) 窄隙角毛藻（*Chaetoceros affinis*）：细胞链直，宽 7～37 μm。细胞宽环面长方形，角尖，相邻细胞的角常相接触。壳面平或中央部分微凸，链端细胞壳面中央常生一小刺。壳套常高于细胞高度的 1/3，壳套与环带相接处有小凹沟。细胞间隙小，中央部分略窄，呈纺锤形或近长方形。角毛细，自细胞角生出后即与邻细胞角毛相会于一点，然后与细胞链轴垂直伸出，或渐弯向链端。端角毛自细胞角生出，向外斜伸出后，又渐弯下，略与链轴平行，较其他角毛粗壮，生 4 行小刺。有时候链端角毛基部细，向外斜伸或垂直伸出时渐加粗，末端向内弯转如镰刀状，转弯处最粗；有时候链中间的细胞亦生似端角毛般的粗短角毛，略呈对角线伸出，或与端角毛伸出情况相同。色素体 1 个，靠近宽环面，色素体中央有一核样体。本种为沿岸广温性种。我国沿海普遍常见，数量有时较多。

(2) 洛氏角毛藻/劳氏角毛藻（*Chaetoceros lorenzianus*）：细胞链直，宽 15～70 μm。细胞宽环面观长方形，角尖。壳面椭圆形而平，中部微凸或微凹。壳套大部分高于细胞高度的 1/3，与环带相接处有明显的小凹沟。细胞间隙略成六角的长椭圆形，角圆。角毛较粗硬，有 4 楞，每楞上纵生 1 行极小的小刺，两楞间的平面上生明显可见粗点纹，相邻两面上的粗点纹交错排列。角毛自细胞角生出即与邻细胞角毛相交连接于一点，和细胞链轴垂直或倾斜伸出。链端角毛直，常较其他角毛粗，有时较短，生出后即斜向外伸出，其点纹尤为明显。每细胞中有盘状色素体 4～10 个。其分布广泛，太平洋、大西洋和印度尼西亚、菲律宾沿岸均有分布，为中国近海优势种之一。日本东京湾、伊势湾、三河湾、濑户内海等都曾发生过本种类引起的赤潮。

(3) 旋链角毛藻（*Chaetoceros curvisetus*）：细胞链长，呈螺旋状弯曲，宽 7～26 μm。细胞宽环面四方形，相邻两细胞角互相接触。壳面椭圆形，凹下。壳套小于细胞高度的 1/3，与环带相接处有很小的凹沟。细胞间隙纺锤形、椭圆形或圆形。角毛细而平滑，自细胞角生出即与邻细胞角毛交叉连接且全部角毛都弯向链的凸侧。链端角毛与其他角毛无明显的差别。色素体 1 个，靠近细胞环面，色素体内包一蛋白核（核样体）。本种为广温性沿岸种类，暖季分布较多。我国东海、黄海和渤海均有分布。

(4) 齿角毛藻（*Chaetoceros denticulatus*）：细胞宽环面长方形，宽约 24 μm，高约 40 μm。壳套甚低，与环带相接处有小凹沟。细胞连成直链，链上相邻细胞间呈菱形或略呈六角形的间隙。壳面中央生一小刺。链内角毛自壳面边缘以内处斜生出，基部生一小齿状突起，以之与相邻细胞的相应角毛相交后，与链轴垂直伸出，然后缓慢弯向链端。链端角毛伸出方向与链内角毛相仿。角毛粗壮，生有横纹及小刺。色素体小颗粒状，数目多，分布于细胞及角毛中。本种为热带外洋性种，中国南海、东海有记录。

(5) 齿角毛藻瘦胞变形：本变形与原种的主要区别在于本变形细胞宽环面甚狭，仅为 10 μm 左右（为原种细胞宽度的 1/3～1/2），高度却达 20 μm，故细胞宽环面观细而高。本变形分布于中国南海香港及三亚湾。

16．盒形藻属（*Biddulphia/Trieres*）

本属的细胞形状像一袋面粉或近圆柱形。壳面一般呈椭圆形，两端有突起，突起的末端常有小型的真孔，能分泌胶质，使细胞连成直链或锯齿状。也有直接靠细胞突起相连成群体。

（1）活动盒形藻（*Biddulphia mobiliensis*）：壳面卵圆形，扁平，顶轴长 40～80 μm，顶轴两端各生 1 个较长的角，角直，上、下壳的角呈对角线伸出，角的内侧生长刺，伸出方向与角平行。细胞宽环面观略呈六角形，壳上部略收缩。壳套约占细胞高度的 1/4。本种为广温性沿岸种，我国各海域皆有分布。

（2）中华盒形藻/中国盒型藻（*Biddulphia sinensis*）：细胞呈面粉带状。宽壳环面为长方形或近方形，狭壳环面为长椭圆形。细胞宽 62～320 μm，高 112～264 μm，细胞高度比例变化很大。在壳套和壳环带之间没有凹缩。壳面椭圆形，中央平或稍凹。从细胞的四角伸出细长的突起。突起为棒状，平行于壳环轴或稍弯向细胞内侧，其末端截形。突起内侧的壳面上有明显的小隆起，上面着生 1 根粗壮中空的刺毛。这根刺靠近并平行于突起，刺的末端略向内弯曲。顶端有小分叉。有的细胞借助刺吻合插入邻细胞而组成短的直链，但大多数营单独生活。细胞壁薄，孔纹精致，为六角形。色素体小而多，呈颗粒状。生长于偏暖性的近海岸中。

17．三角藻属（*Triceratium*）

三角藻属壳面中部不凹入，单细胞或以突起相连成短链。壳面为三角形、四角形或多角形。壳面有排列整齐的六角形孔纹。

蜂窝三角藻（*Triceratium favus*）：藻体细胞壳面三角形，各边直或略凸，筛孔六角形，粗大，与各边平行排列。本种为广温性潮间带种。中国海域皆产。

18．双尾藻属（*Ditylum*）

双尾藻属属单细胞，细胞呈三角形、柱形、四角柱形或圆柱形。壳面中央有 1 条粗直中空的长刺，和贯壳轴平行，有的种类在壳面四周有许多小刺。壳环面的长短随间生带多少而改变。细胞壁薄，花纹不明显。

（1）布氏双尾藻（*Ditylum brightwelli*）：壳面中部有许多小刺。本种适温范围广，属世界性种，营浮游生活。

（2）太阳双尾藻（*Ditylumsol*）：壳面中部无小刺。偏暖性种类，营浮游生活。藻体细胞环面观细胞壁有许多褶皱，壳面边缘小刺微小，很不明显，壳面中央生 1 条中空长刺。本种为暖水浮游性种。热带及亚热带海域分布很广。

19. 中鼓藻属（*Bellerochea*）

中鼓藻属本种在显微镜下常以环面观出现。边缘部分凹下，生 2～4 个短角，以之与相邻细胞的角连接呈直带状长链，同时，因两相邻细胞壳面中部略凸也相互连接，故从环面观细胞为矩形，在细胞角处有楞形间隙，而两细胞中部的间隙不明显或仅如一缝。壳套与环带间有小凹沟。细胞壁硅质化程度很弱，薄而透明。色素体呈小颗粒状，数目多。海产，今生浮游种。

锤状中鼓藻（*Bellerochea malleus*/*Triceratium malleus*）：藻体细胞宽环面观为长方形。壳面隆起，壳缘稍凹形成 2 个短角。相邻细胞通过短角相连，壳面中部亦贴紧，故只在壳缘处有 2 个扁椭圆形细胞间隙。细胞链直，扁带状。本种为温带、热带大洋和沿岸种。

20. 弯角藻属（*Eucampia*）

弯角藻属细胞环面观为"工"字形，壳面观为椭圆形，壳面长轴两极各有 1 个突起，借此与邻细胞的相对突起相连成扇形或螺旋状链状群体。

浮动弯角藻/短角弯角藻（*Eucampia zodiacs*）：藻体细胞壳面中部凹下，顶轴两端各生一短角，一边稍长，另一边稍短。短角顶端平截，与相邻细胞短角相连，形成螺旋状群体。色素体小颗粒状或小盘状，多数。本种为沿岸广温性种类。我国沿海均有分布。本种主要为北温带种，北方海域较多。

六、作业及思考

（1）总结中心硅藻的基本特征，鉴认常见种类（属），并将各常见属进行比较，找出其主要特征的异同。

（2）比较直链藻、骨条藻、海链藻、娄氏藻和冠盖藻等链状群体连接方式的异同，了解圆筛藻、根管藻和角毛藻的基本结构特点及其主要分种依据。

（3）对于课堂所见的各类代表，请绘草图于笔记本上。绘制 2～3 种代表性中心硅藻的形态构造图并标出其主要结构，下课时交。

第二节　羽纹硅藻的形态特征及代表种类

一、目的要求

（1）了解羽纹硅藻的基本形态结构，花纹特点和壳缝类型，清楚各类硅藻行动特点与体型的关系。

（2）掌握本纲中各科、属的主要特征，清楚舟形藻、菱形藻、海毛藻等分属的主要根据，认识常见的代表种类（属）。

二、实验用具及材料

（1）仪器耗材：科研型显微镜+共览制片标本系统、光学显微镜、载玻片、盖玻片、滴管、镊子、解剖针。

（2）标本：各类羽纹硅藻的纯培养液、浸制混合液或制片标本。

三、实验方法

（1）用滴管吸取1滴活的或浸制的标本，滴于载玻片上，然后小心加上盖玻片，先在低倍镜下找到较大的藻体，然后转高倍镜下观察其细胞结构。

（2）为了能随意看到壳面和壳环带，用解剖针针尖轻压盖玻片，使藻体翻转。

四、羽纹硅藻的主要形态结构

（1）羽纹硅藻类原属硅藻门（Bacillariophyta）羽纹硅藻纲（Pennatae），也有学者将其归为异鞭藻门（Heterokontophyta）硅藻纲（Bacillariophyceae）棍形藻目（Bacillariales）。羽纹硅藻的壳面多数是长形的，壳环面有宽壳环面和狭壳环面之分。羽纹硅藻纵轴长于横轴，即壳面为长形，而中心硅藻两轴长度基本相等，即壳面为圆形。多数物种的细胞壳面呈梭形、舟形、"S"形、椭圆形、针形等。

（2）羽纹硅藻壳面的构造主要有3种类型（图2-2）。有些种类只具无花纹的中轴区（假壳缝/拟壳缝）。相当数量的羽纹硅藻具有壳缝或纵沟（壳面上沿纵轴的1条裂缝），壳缝可使群体细胞间能相对滑动，附着生活的物种能在基质上爬行，是其行动器官。纵沟的中央和两端各有 1 个细胞壁加厚的部分,中央的称为中央结节,两端的称为端结节。还有一些种类的壳缝构造复杂,称为管壳缝或管纵沟(呈管状纵走的管沟)。管壳缝以狭缝和外界相通,管沟内壁有 1 列小孔与细胞内部相通。有些种类的壳面边缘具纵走的突起,称龙骨突,其位于壳的一缘,像船底的龙骨那样向外突出,具有支持作用。

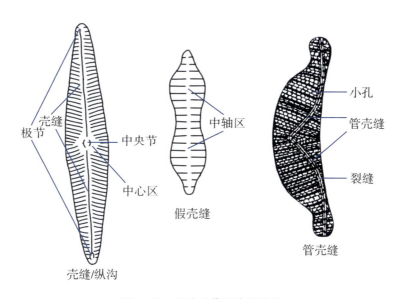

图 2-2 羽纹硅藻细胞壁构造

(3) 细胞壳面上的花纹都是两侧对称,呈羽状排列,花纹主要有线纹或肋纹。线纹是由硅质壁上许多小孔点紧密或稀疏排列而成,在普通显微镜下观察时,无法分辨,是 1 条直线状。肋纹为硅质壁上的管状通道,内由隔膜分成小室或壁上因硅质大量沉积而增厚。羽纹硅藻壳面上通常无中心硅藻具有的那些特殊结构。

(4) 注意观察。各类硅藻细胞的壳面形状(线性、披针形、椭圆形、舟形、"S"形等)、生活方式(单独或群体)、细胞壁上的花纹类型及排列方式(孔纹、线纹或肋纹等)、色素体形状及对称方式(两侧和两端)、壳缝类型(假壳缝、壳缝及管壳缝)及其在壳面上的位置(中部、偏于一侧或壳缘)。

五、常见属及代表种类

1. 拟星杆藻属(*Asterionellopsis*)

拟星杆藻属细胞棒状,两端异形,通常一端扩大(近三角形)。细胞借助壳面近边缘的足孔相连成星状、螺旋状群体。拟壳缝线不明显。本属物种为浮游性种,海水、淡水中皆有。

冰河拟星杆藻（*Asterionellopsis glacialist*）/日本星杆藻（*Asterionella japonica*）：藻体细胞环面观似容量瓶，一端膨大呈三角形，另一端细长。相邻细胞依靠膨大端壳面连接成螺旋状群体。色素体板状，1～2片。本种为广温性沿岸种，分布广、数量大。中国海域皆产。

2. 针杆藻属（*Synedra*）

针杆藻属细胞单生或形成扇形到丛状。壳面细长，线形或披针形，有时具波状边缘，常在中部或两端呈凹透镜状加宽。两壳面均有假壳缝，假壳缝窄，有时为宽披针形。环面为长方形。

针杆藻（*Synedra* sp.）：藻体细胞环面观长棍形，壳面观针形。点条纹明显，横列。

3. 楔形藻属（*Licmophora*）

楔形藻属藻体楔形，内有假隔片。群体像扇子形状，借胶质柄附着在高等藻类或其他物体上。海产。

短楔形藻（*Licmophora abbreviata*）：藻体环面为三角形或扇形，长53～124 μm。细胞常借助尖端的胶质柄组成群体。壳面棍棒状，一端大一端小，两端皆呈钝圆形，壳环面楔形，其隅角圆形。间插带弯曲，隔片长占细胞的1/8～2/3。细胞壁有细横纹。色素体多，呈椭球形。本种为沿岸性种，营附着生活，但常混入浮游生物群中。分布广。

4. 海线藻属（*Thalassionema*）

海线藻属细胞呈棒形，壳面两端圆形，等大。细胞以一端相连成锯齿状群体。中线区宽。边缘处有一圈垂直于壳缘的眼纹。海生浮游种。

菱形海线藻（*Thalassionema nitzschioides*）：藻体细胞以胶质相连成星状或锯齿状的群体。壳环面狭棒状，直或略微弯曲。壳面亦呈棒状，但两端圆钝，同形。长为30～116 μm，宽为5～6 μm。缘刺非常细小，8～10根/10微米。壳上两侧有短条纹。质体颗粒状，数量多。在中国近海均有分布。

5. 海毛藻属（*Thalassiothrix*）

单细胞或以胶质柄相连成放射状群体。壳面中部或近缘端或多或少膨大。线区宽，有时在端部变窄。边缘处有 1 圈垂直于壳缘的眼纹。壳面具缘刺。本属为海生浮游种类。

佛氏海毛藻/伏氏海毛藻（*Thalassiothrix frauenfeldii*）：细胞呈棒形，以胶质柄相连成放射状群体，两端形状不同。细胞长 223～280 μm，宽 6 μm。本种是外洋广温性种类，分布很广。我国南海、东海、黄海和渤海均有分布。

6. 卵形藻属（*Cocconeis*）

卵形藻属单细胞，细胞扁平，壳面为宽卵形、椭圆形或近圆形。上、下壳异形。上壳具中轴区（拟壳缝），下壳具壳缝和中央节。壳环面在横轴的方向呈弧形或曲膝形。色素体单个，点纹细小。本属在海水或淡水中均有分布。营附着生活，但也出现在浮游生活中。

卵形藻（*Cocconeis* sp.）：本种多着生在水生植物及其他物体上，在水中常大量发生。

7. 褐指藻属（*Phaeodactylum*）

褐指藻属单细胞，卵形、纺锤形、三叉形，色素体单个。只有卵形的细胞有 1 个壳面，缺少另一个壳面。可运动。纺锤形的细胞缺乏硅质壳，不能运动。

三角褐指藻（*Phaeodactylum tricornutum*）：有卵形（8 μm×3 μm）、梭形（20 μm）、三出放射形（10～18 μm）3 种形态的细胞。这 3 种形态的细胞在不同培养环境下可以互相转变。在正常的液体培养条件下，常见的是三出放射形细胞和梭形细胞，这 2 种形态的细胞都无硅质细胞壁。三出放射形细胞有 3 个臂，臂长皆为 6～8 μm，细胞两臂端间的垂直距离为 10～18 μm。细胞中心部分有 1 个细胞核和 1～3 片黄褐色的色素体。梭形细胞长约 20 μm，有 2 个略钝而弯曲的臂。卵形细胞长 8 μm，宽 3 μm，只有 1 个硅质壳面，无壳环带，和具有双壳面和壳环带的一般硅藻不同。在平板培养基上培养可出现卵形细胞。本种是甲壳类、贝类及棘皮动物的幼体的饵料。

8. 布纹藻属（*Gyrosigma*）

布纹藻属壳面呈"S"形，从中部向两端逐渐尖细，末端渐尖或钝圆。壳面具由纵横线纹"十"字形交叉构成的布纹。中轴区狭窄，"S"形，中央节处略膨大，壳缝"S"形弯曲，有小中央节和极节。带面宽披针形。色素体2块，片状，位于壳环面，常具几个蛋白核。本属为淡水、半咸水或海水中的浮游种类。

尖布纹藻（*Gyrosigma acuminatum*）：壳面狭"S"形，长150～160 μm，宽20～25 μm。壳面从中部向末端逐渐变狭，末端钝圆。横线纹17～20条/10微米。

9. 舟形藻属（*Navicula*）

舟形藻属壳体上下左右均对称。壳面线形、披针形、椭圆形或菱形等，末端钝圆、头状或喙状；中轴区狭窄，线形或披针形，具中央节和极节，大部分种类为扁圆形；上、下壳面的纹饰一致，均具细或略粗的横线纹、布纹或窝孔纹。带面长方形，平滑，无间生带，无隔膜。色素体片状或带状，多为2块，稀为4～8块。本属均为单细胞浮游及底栖硅藻，种类极多，淡水、半咸水和海水中均有分布。淡水种类极为丰富，各种类型的水体中都有，多数为沿岸带的种类。

舟形藻（*Navicula* sp.）：壳面窄披针形，末端钝。壳缝和中线区不易分辨。点条纹平行排列，均匀遍布于壳面。每个质体长度接近于壳面长轴。在中国近海均有分布。

10. 双壁藻属（*Diploneis*）

双壁藻属壳面多为椭圆形或卵圆形，少数为线形或提琴形。壳缝直线形，壳缝两侧具由中央节侧缘延长而形成的角状突起，并紧包围此壳缝。角状突起的外侧具线形至披针形的纵沟，纵沟内有成列的点或短肋纹，纵沟的外侧具横肋纹或由点纹连成的横列肋线纹。横肋纹呈平行或辐射状排列，横肋纹平滑或有纵肋纹交叉，或两条肋纹间有单列或双列的蜂孔纹。有些种类在纵沟的外缘具有无纹结构的月形纹区，带面长方形。色素体2块。

椭圆双壁藻（*Diploneis elliptica*）：壳面宽椭圆形至近菱形椭圆形，末端钝圆；壳面长20～130 μm，壳面宽10～60 μm；中央区略大，略呈方圆形，角状突起明显，两侧纵沟狭窄，在中心区较宽；横肋纹粗，略呈放射状排列，肋纹间的大蜂孔纹9～14条/10微米。本种生活在淡水及微半咸水中，多见于沿岸带。

11. 辐节藻属（*Stauroneis*）

辐节藻属单细胞或形成带状群体。壳面长椭圆形、线形、披针形、菱形，末端头状，钝圆形或喙状；中轴区狭窄线形，壳缝直线形，极节很细，中心区增厚并扩展到壳面两侧，增厚的中心区没有花纹，称辐节；壳面花纹略呈放射状或平行排列的线纹或点纹，有些种类在壳面两端具假隔膜。辐节和中轴区将壳面花纹分成4个部分。色素体2块，片状，每块色素体具2～4个蛋白核。繁殖方式：由2个母细胞原生质体结合形成2个复大孢子。本属种类产于淡水、半咸水或海水中。

紫心辐节藻（*Stauroneis phoenicenteron*）：壳面披针形，具变细的圆形末端，有时呈延长状末端。中轴区线形，其宽度变化的幅度在4～8 μm之间，且常稍宽。绝大多数的辐节呈线形，有时略扩展。壳缝宽，近端与远端渐细。横线纹全部呈放射状排列，线纹由清晰点组成。横线纹在10 μm内有12～17条，点的数目与线纹数一样是可变化的。壳面长70～142 μm，壳面宽9～28 μm。因为本种壳面形状多数为披针形及没有假隔膜，所以本种极易与尖辐节藻（*Stauroneisacuta*）区别开。本种具有对各种生态条件的忍受力，但通常出现在少盐，pH中性的水体中，为江、河等淡水普生种。

12. 杆状藻属（*Bacillaria*）

杆状藻属细胞常互相联结形成片状群体，个体能在其中产生相对滑动。单个细胞杆状或棒状。壳面左右对称具明显的龙骨，龙骨居中，龙骨点明显，具细而平直的横线纹，两端渐狭呈头状。

奇异杆状藻（*Bacillaria paradoxa*）：壳体短棍状，末端平截，相邻细胞借壳面连成可以滑动的细胞链。壳面线形，长40～60 μm，管壳缝位于壳面近中部，龙骨点8～9个/10微米。本种可生活于海水、半咸水，为世界广分布种。

13. 菱形藻属（*Nitzschia*）

菱形藻属细胞呈梭形、舟形、菱形等。壳面为直或为"S"形、线形、椭圆形，具横线纺或横点纹。每壳一缘具1条管壳缝，而另一壳的管壳缝在另一缘，因而带面呈菱形。

（1）类S形菱形藻（*Nitzschia sigmoidea*）：壳面"S"形，长206～330 μm，宽13～14 μm。龙骨点5～79个/10微米。

（2）小新月菱形藻（*Nitzschia closterium*）：直或月牙形的纺锤形，长12～23

μm，宽 2～3 μm。主要进行纵分裂繁殖。生长繁殖的适温范围为 5～28 ℃，最适温度为 15～20 ℃。水温超过 28 ℃，藻细胞停止生长，最终大量死亡。对盐度的适应范围广，在 18～61.5‰的盐度范围内都能生长，最适盐度范围是 25～32‰。最适光照强度范围为 60～160 μmol/(m^2·s)，小型培养时切忌直射阳光。适应的 pH 范围在 7～10 之间，最合适 pH 为 7.5～8.5。

（3）新月菱形藻（*Nitzschia closterium*）：藻体细胞小，单个生活。壳面长，中部膨大，两端尖细，并向同一方向弯曲如弓形。色素体片状，2 个。本种为潮间带底栖种，但在浮游生物群中亦常出现。世界广布性种。中国渤海、黄海、东海均产。

14. 伪菱形藻属/拟菱形藻属（*Pseudo-nitzschia*）

伪菱形藻属/拟菱形藻属细胞壳面呈延长的线形或披针形，环面呈两端渐细的纺锤状。细胞间依靠壳端部分的相互叠加形成阶梯状群体。群体具有运动能力。管壳缝强烈偏心，与壳面基本处于同一水平，未突起于壳面。壳面平，没有起伏。通常具 2 个色素体，对称分布在中节的两侧。拟菱形藻属内各种之间的鉴定十分困难，必须在电镜下进行。

尖刺伪菱形藻（*Pseudo-nitzschia pungens*）：环面观细胞纺锤形，高 8 μm。横条纹和间点条之间区别明显。细胞间重叠等于或超过细胞长度的 1/3。壳面观大细胞线形，末端尖细；而小细胞则呈纺锤形。硅质化强，细胞制片显微观察看不到点条纹。在中国近海均有分布。

15. 双眉藻属/月形藻属（*Amphora*）

双眉藻属/月形藻属多数种类为单细胞，着生或浮游。壳面明显有背、腹侧之分，背侧凸出，呈半月形或半披针形；腹侧平直或略凹入，末端钝圆形或两端延长呈头状。壳缝直或略弯向腹侧，中轴区偏于腹侧或在壳面中部。横线纹明显或不明显由点纹组成，呈放射状排列。带面呈椭圆形，两侧弧形外凸，末端截形从带面可见由点连成的长线状的间生带，不具隔膜。色素体 1 个或 2～4 个。本属硅藻多数为海产，淡水种类不多。多产于热带及亚热带地区。模式种为卵圆双眉藻。

卵圆双眉藻（*Amphora ovalis*）：带面呈广椭圆形，末端平截形，两侧边缘均为弧形。壳面月形，腹侧缘凹入，背侧缘凸出，末端钝圆形。中轴区狭窄，中央区仅在腹侧明显，壳缝略呈波状。腹侧横线纹在中部间断，末端斜向极节，背侧横线纹呈放射状排列，10～16 条/10 微米。壳面长 20～140 μm，宽 15～63 μm。本种为淡水普生性种类，广泛分布于静水水体的近岸底部，也可生长在水库、河流、鱼塘及水泡、水沟中。

16. 双菱藻属（*Surirella*）

双菱藻属属于双菱硅藻亚目双菱藻科。单细胞生活。壳面呈线形、椭圆形或卵形，有时中部缢缩。每壳在两侧缘具翼状龙骨突（上、下壳各 2 条，共 4 条），其上有环绕整个壳缘的管壳缝。壳面具由中线射出或长或短的横肋纹，肋纹间有细线纹。带面细长形或楔形。壳面中线上有拟壳缝，线形或箭形，构造常不明显。色素体片状，2 个，在近壳面，淀粉核数量多。本属为底栖种，但常漂入浮游生物群中。

双菱藻（*Surirella* sp.）：单细胞真性浮游类型，种类较多，约有 200 种，多产于热带、亚热带的淡水、半咸水和海水中。

六、作业及思考

（1）总结羽纹硅藻的基本特征，掌握各属的主要特征，了解各类羽纹硅藻适应浮游、底栖和附着生活的生理结构特点。

（2）对于课堂所见的各类代表，请绘草图于笔记本上，并绘制 2～3 种代表性的羽纹硅藻的形态构造图并标出其主要结构，下课时交作业。

第三节　甲藻的形态特征及代表种类

一、目的要求

（1）了解甲藻（Pyrrophyta/Dinoflagellates）的一般形态特征，如具甲类和无甲类的区别，横裂甲藻和纵裂甲藻的区别，等等。

（2）学习甲藻的分类知识，掌握各属的主要特征，认识常见的代表种类（属）。

二、实验用具及材料

（1）仪器耗材：科研型显微镜＋共览制片标本系统、光学显微镜、载玻片、盖玻片、滴管、镊子、解剖针。

（2）标本：各类甲藻的纯培养液、浸制混合液或制片标本。

三、实验方法

（1）用滴管吸取 1 滴含活体或浸制体的标本液，滴于载玻片上，然后小心盖上盖玻片，在低倍镜下观察，用解剖针针尖轻敲盖玻片，使藻体翻转，观察藻体的背、腹面。

（2）在高倍镜下观察藻体的形态结构，然后用解剖针柄轻压盖玻片，使板片分散，以理解甲藻的细胞壁是由多块板片嵌合而成的。

四、甲藻的总体形态结构观察

（1）甲藻细胞壁的构造在不同类别中有所不同，有横裂甲藻和纵裂甲藻之分。纵裂甲藻一般为单细胞，细胞壁由左右两瓣组成。鞭毛 2 条，位于细胞前端，不等长，一条伸向前方，另一条螺旋环绕于细胞前端。横裂甲藻（图 2-3）的横沟环绕在身体的中部，其旋转有左旋与右旋 2 种形式，将细胞分为上锥部（上壳）与下锥部（下壳），而纵沟一般位于下锥部的腹面。鞭毛 2 条，横鞭毛盘绕在横沟内，做波浪式摆动，纵鞭毛沿纵沟向下伸出体外，使身体向前进。

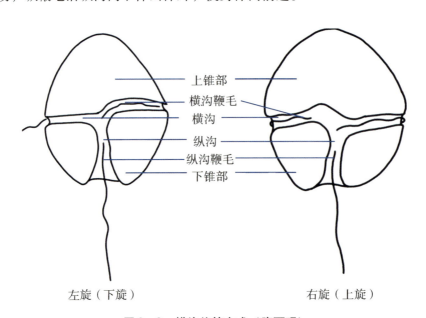

图 2-3　横沟旋转方式（腹面观）

（2）多数横裂甲藻藻体呈圆形或多角形，体外有壳，壳由许多纤维质小板组成（图 2-4），分别以顶板（以′表示）、顶孔板（以 p 表示）、沟前板（以″表示）、前间插板（以 a 表示）、沟后板（以‴表示）、底板（以⁗表示）、横沟板或腰带板（以 G 表示）和腹区（以 V 表示）表示。

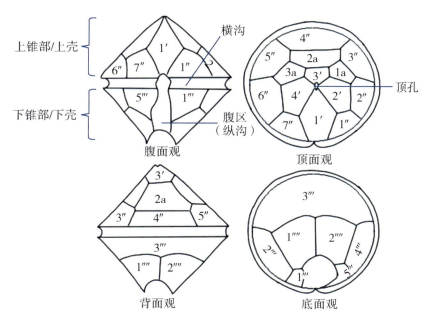

图 2-4　原多甲藻板片结构模式

（3）观察重点：各类甲藻的细胞形态（球形、卵形、针形和多角形等）、生活方式（多数为单细胞双鞭运动个体，少数为单细胞连成的群体）、细胞壁有无（无甲类和具甲类）及其类型（横裂或纵裂）；对于横裂甲藻，注意观察其甲片的数目、形状及排列方式，甲片上是否具刺、角或孔纹，横沟的旋转方式（左旋与右旋），纵沟的位置（下锥部或向上延长）。

五、常见属及代表种类

1. 原甲藻属（*Prorocentrum*）

原甲藻属为具甲类。藻体细胞小到中型，壳面观细胞形态从圆球形到梨形。壳面自中央分成相等的两瓣。本属约有 50 种，营底栖、浮游或附着生活。海水和淡水中都存在。浮游的种常常可以形成水华，而许多底栖的种通常有毒，并且可以达到很高的密度。

海洋原甲藻/闪光原甲藻（*Prorocentru mmicans*）：细胞卵形或略似心脏形，左右侧扁，瓜子状，长 50 μm。在一个壳上有一角状突起。壳面上除纵裂线的两侧外，布满小孔。质体多数为小盘状，棕黄色。本种可作牡蛎、幼鱼的饵料，近岸河口及外海远洋均有分布,可形成赤潮。

2. 翅甲藻/鳍藻属（*Dinophysis*）

翅甲藻/鳍藻属细胞横沟的边翅斜伸向前,呈漏斗形。壳面有孔纹,色素体黄绿色。藻体侧面观一般似卵形、椭圆形、倒卵形、梨形,体形较长,且后端延伸成 1~2 个突出的构造,左右侧扁。上壳短,一般不突出,或仅少许突出于横沟前边翅以上。上体部主要由 2 块顶板组成,4 块上壳甲板很小。横沟窄,前后差不多等宽,或略凸出,或凹陷。下壳为藻体的主要部分。纵沟甲板 4 块围绕鞭毛孔。横沟边翅一般都向上伸展,上边翅较宽,一般有肋刺,下边翅较窄,多数不具肋刺,纵沟也有明显的边翅。右边翅为横沟下边翅向后延长的部分,左边翅较长而宽,有 3 条明显的肋刺。色素体有或无。本属约有 100 种。中国沿海已记录的有 10 余种。

（1）具尾鳍藻（*Dinophysis caudata*）：细胞中型,长 71~107 μm,左右侧扁,背腹直径约为长度的 1/2。上壳中央很平,看不出突起。下壳自前向后背腹面逐渐加宽。背面显著隆起,下壳最后的 1/3 部分又突然收缩形成 1 个粗而末端尖的底角,直伸向后或斜向伸出。横沟上边翅较宽；腹面比背面更宽一些,漏斗状有短的隆起线。下边翅较开展,其宽度仅为前者的 1/2。腹区左边翅长达底角的基部,自前向后逐渐加宽,具有明显的网状隆起。壳面薄而透明,有许多小孔。色素体为黄色颗粒状。有时 2~3 个细胞以背面的隆起部分连成群体。本种为暖水种,产于温带、亚热带及热带海区。本种可产生腹泻性贝毒（Diarrhetic Shollfish Poisoning,DSP）。

（2）倒卵形鳍藻（*Dinophysis fortii*）：细胞阔卵圆形,体长 56~83 μm,宽 40~54 μm。背缘卷曲,腹缘几乎平直。左沟边翅很长,可达整个细胞的 4/5,右沟边翅完全。细胞表面有很多深孔状物质,每个内部均有一小孔。本种分布于海洋、浅海,寒带至热带水域,是世界范围种。我国主要分布于渤海。该种可产生腹泻性贝毒（DSP）。

3. 夜光藻属（*Noctiluca*）

夜光藻属体呈球形,囊状,属无甲类。具有纵沟和短小的纵鞭毛,在纵沟末端有 1 条触手。原生质集中在细胞的一边,向四周分出丝状原生质。藻体近圆球形,游泳生活,细胞直径为 200~1000 μm,肉眼可见。

夜光藻（*Noctiluca scintillans*）：世界性赤潮生物,具毒性。亦称夜光虫（noctiluca）,是一种世界性海洋浮游生物,也是一种十分普遍的赤潮生物。个体呈球形,直径可达 2 mm。腹面有一纵沟,沟内有一退化鞭毛,沟的一端有口,口旁有一粗大的触手,具有摄食功能。细胞质聚集于核周围,其中有分散的细条、大而多的空泡。以硅藻及桡足类小生物及卵为食，营养生活。摄食活动和营养繁殖具有节律性，每天有2个摄食活跃期，食物颗粒在泡内消化需要（4.5±2.4）h，营养繁殖高峰期在下半夜，此时摄食力最低。具有很强的发光能力，为发光生物。

4. 角藻属（*Ceratium*）

角藻属为具甲类，细胞小型到大型，通常为单细胞，有时几个细胞连成链状，长可达1 mm以上。细胞有2～4个中空的角，角的顶端开口或封闭。顶角（前角）1个，底角（后角）2个或3个，某些海生种只有一个底角发达，另一个短小或完全退化。细胞背腹略扁。上、下壳由许多小板组成。有些种由于营吞噬型营养方式而具有食物泡。角藻是常见的浮游甲藻之一，本属有125种，其中除4种为淡水生以外，其余全为海生。分类的主要根据是体部的大小、形态，前后角的长短、伸出方向等。

（1）长角角藻（*Ceratium macroceros*）：细胞体部中等大小，角很长，末端开口，体部长＞宽，腹面凹入。上体部宽而扁，侧边凹入。下体部＞上体部，左侧边很斜，后缘很直。两端与两后角各形成1个斜角。顶角长，基部较宽，直或略弯。后角最初分歧状向体后伸出一定距离，然后转向前方，但仍与顶角成分歧状，最后末端逐渐与顶角近于平行，右后角略有些转向腹面。壳面有不规则的纵纹和小孔。后角弯曲部分的后缘呈细齿状。

（2）叉角藻（*Ceratium furca*）：上体部呈三角形，其中一角向上（前）均匀地逐渐变细形成顶角，顶角有时长，有时短。两后角平行或略分歧，右角较粗壮，其长度一般为左角的2倍，末端尖。

（3）梭角藻（*Ceratium fusus*）：细胞梭形，上体部长，向前逐渐变细而形成顶角，顶角直或略弯向背面。下体部长约等于宽，左后角长，明显的弯向背面，少数直，边缘显著齿状，右角退化仅保留小刺状或完全不存在。本种能发光。

（4）三角角藻（*Ceratium tripos*）：细胞个体较大，体部长、宽相等，上体部相当短，常只有体宽的1/2。左侧边少许凸出，右侧边凸出明显，下体部与上体部等长或略长些，其右侧边一般凹入。3个角均较粗壮，顶角基部较后角为宽，一般右后角明显比左后角细弱，后角尖端与顶角叉分，但也有时两后角与顶角平行，或有时相交。壳面较厚，有不规则的纵纹和小孔。本种分布很广，三大洋均有。

5. 亚历山大藻属（*Alexandrium*）

亚历山大藻属为具甲类。细胞圆球形、半球形、卵形、双锥形。没有刺和角。甲板方程为Po，cp，4′，0a，6″，6c，9～10s，5‴，2⁗。横沟左旋，没有悬垂物和扭曲，横沟位移1～1.5倍。细胞表面具孔、网纹和蠕虫爬迹状的花纹。壳可以从薄而轻到厚而多皱纹。具色素体，细胞核"C"字形。本属有 30 种，绝大多数种可以产生导致麻痹性贝毒（Paratytic Shellyfish Poisoning，PSP）事件的神经毒素。个别种可以发光。多数为近岸种，少数可以分布于大洋水体中。

链状亚历山大藻（*Alexandrium catenella*）：细胞球形，长略大于宽，上壳与下壳半球形，大小相近。横沟位于中央，两端位移与横沟等宽，纵沟深，后沟较深。甲片薄，排列式为 APC, 4′, 6″, 6C, 8s, 5‴, 2⁗。孔顶复合结构（APC）为三角形，有一大的鱼钩状顶孔和一椭圆形的前连接孔（a. a. p）。后连接孔（p. a. p）位于后纵沟板的右侧，近边缘处。前、后连接孔在细胞长成后常闭合，细胞无腹孔。细胞长 29～30 μm，宽 31～33 μm。细胞有时形成小于 16 个细胞的链，但长链易断成 2～4 个细胞的短链。孢囊圆柱状，表面光滑。能产麻痹性贝毒（PSP）。

6. 原多甲藻属（*Protoperidinium*）

原多甲藻属为甲藻门最大的一属，是主要海洋浮游甲藻之一，为具甲类。细胞小型到大型。细胞呈球形、椭球形或多面体状，大多数常呈底部连接的双锥形。许多物种具顶角和底刺。前端为细而短的圆顶状或突出成角，末端略凹入或分成角，或有 2～3 个刺。一般背腹略扁，腹面凹入，因此顶面观时呈肾形。许多种类不具色素体，营异养型生活方式。多数种壳面上都有花纹、孔、刺或眼纹。最普通的为网纹，网间有小孔，还有的为波状或线状纹，也有为乳状或刺状突起的。幼体鞘壁薄，成体常较厚，片间带有的很窄、有的较宽，并具线状横纹。在片间带交叉的地方形成三角形空隙。横沟为不完整的圆环，在腹面中央为腹区中断，通常较上、下壳凹入，也有平的。横沟环状，中位，上旋或下旋，边翅无色透明或有肋刺，腹区自横沟向后，延伸到细胞末端，由 6 块小甲板组成，各甲板常侧立深藏于腹区内，因此不易观察清楚。

（1）扁形原多甲藻（*Protoperidinium depressum*）/扁多甲藻（*Peridinium depressum*）：藻体细胞有明显的前角和 2 个较长的后角，体部呈扁透镜形，长轴与横沟呈斜交。腹面观长 116～200 μm，宽 76～153 μm。上壳为极不对称的锥形，腹面缓慢地凹入，背面及侧边凹入，因此顶角不在中央面而偏向背侧。顶面观肾形。下壳侧边凹入，2 个后角长，末端尖细。2 个后角不在一个平面上，右后角与顶角平行向右伸出。横沟左旋，不凹陷，边翅具肋刺。纵沟细而长，达细胞后缘。壳面有细网纹，网孔大，网结上有小点。细胞原生质常呈粉红色，内含大量油球。本种为广盐性，冷水及暖水，沿岸及远洋均有分布。

（2）分角原多甲藻（*Protoperidinium divergens*）：本种与实角原多甲藻的区别是两后角发达，基部粗壮，末端尖细并分别向两侧斜伸。纵沟边缘具发达的边翅。壳面为较粗的网纹，网结间突出呈刺状。藻体细胞直径平均为 74 μm，长平均为 69 μm。本种为沿岸性种类，分布很广。

六、作业及思考

（1）总结甲藻的基本特征，掌握甲藻各属的主要特征。

（2）对于课堂所见的各类代表，请绘草图于笔记本上，并绘制 2～3 种代表性的甲藻的形态构造图并标出其主要结构，下课时交。

第四节　绿藻、蓝藻和金藻的形态特征及代表种类

一、目的要求

（1）掌握绿藻（Chlorophyta）、蓝藻（Cyanobacteria）和金藻（Chrysophyta）的一般形态特征。

（2）学习绿藻、蓝藻和金藻的分类知识，了解各属的主要结构特点，认识常见的代表种类（属）。

二、实验用具及材料

（1）仪器耗材：科研型显微镜＋共览制片标本系统、光学显微镜、载玻片、盖玻片、滴管、镊子、解剖针。

（2）标本：各类绿藻的纯培养液、浸制混合液或制片标本。

（3）试剂：碘液——6 g 碘化钾溶于 20 mL 超纯水中，待完全溶解后再加入 4 g 碘，振荡溶解后再加入 80 mL 超纯水。

三、实验方法

（1）用滴管吸取 1 滴活的或浸制的标本，滴于载玻片上，然后小心加上盖玻片，先在低倍镜下观察。注意观察藻体的立体形态等。

（2）观察自由运动细胞时，可用吸水纸从盖玻片一侧吸去一部分水，使藻减慢或停止游动，再转高倍镜观察藻的细胞结构。

（3）往水藏玻片标本内加1滴碘液染色，可以看见细胞前端伸出2条细丝状的鞭毛。观察鞭毛时注意缩小光圈。有时一些不大活动的藻不经染色也能明显看到鞭毛。染色后，蛋白核周围的淀粉鞘变成蓝紫色或紫黑色。

四、绿藻的形态结构及代表种属

绿藻的植物体、细胞结构及繁殖方式差异都很大。细胞形态有单细胞、群体或多细胞的，群体有定型或不定型的，单细胞有可活动或不能活动的。游动细胞具有2条、4条或更多条等长的顶生的尾鞭型的鞭毛。绿藻的营养细胞多具有细胞壁，细胞壁的外层是果胶质，内层是纤维质。胞内具有一中央液泡，色素在质体中。色素中以叶绿素 a 和叶绿素 b 最多，还有叶黄素和胡萝卜素，故呈绿色。每个营养细胞都具1个至数个色素体，色素体的形状因种类而异，有杯状、星状、带状、片状、网状、粒状等。大多数种类营养细胞的色素体内有1个至数个淀粉核（蛋白核/造粉核），少数种类没有。绿藻多见于淡水，常附着于沉水的岩石和木头，或漂浮在死水表面；也有生活于土壤或海水中的种类，浮游种类是水生动物的食物或氧的来源。

1. 扁藻属/四爿藻属（*Platymonas/Tetraselmis*）

扁藻属/四爿藻属属于葱绿藻纲（Prasinophyceae）四爿藻目（Tetraselmidaceae）四爿藻科（Tetraselmidaceae）。藻体一般扁压，细胞前面观广卵形，前端较宽阔，顶端前部凹陷。4条鞭毛由洼处生出。细胞内有一大型、杯状、绿色的色素体，靠近后端有一呈内上开口的杯状蛋白核，有1个到多个红色眼点比较稳定地位于蛋白核附近，细胞中间略前，色素体外的原生质里有1个细胞核。细胞外具有1层比较薄的纤维质细胞壁。

亚心形扁藻（*Platymonas subcordiformis*）：细胞长在 $11 \sim 16$ μm 之间，一般长 $11 \sim 14$ μm，宽 $7 \sim 9$ μm，厚 $3 \sim 5$ μm。运动靠鞭毛，在水中游动迅速活泼。

2. 小球藻属（*Chlorella*）

小球藻属属于绿藻纲（Chlorophyceae）绿球藻目（Chlorococcales）小球藻科（Chlorellaceae）。单细胞，小型，直径 $3 \sim 8$ μm，单生或聚集成群，群体内细胞大小很不一致。细胞球形或椭圆形。细胞壁或薄或厚。色素体1个、周生、杯状或片状，具1个蛋白核或无。小球藻以似亲孢子的方式行无性繁殖。生殖时每个细胞分裂形成2个、4个、8个或16个似亲孢子，孢子经母细胞壁破裂释放。小球藻是地球上早期的生命之一，出现在20多亿年前，基因始终没有变化，是一种高效的光合植物，以光合自养生长繁殖，分布极广。

小球藻（*Chlorella vulgaris*）：单细胞，球形，壁很薄。色素体杯状，占细胞的大部分。具1个蛋白核，有时不很明显。直径5～10 μm，生殖个体有时可达23 μm。分布于含有机物质丰富的小型水体中。在水洼、池塘及浅水湖湾中较常见；有时亦发现在水边潮湿土壤上。

3. 月牙藻属（*Selenastrum*）

月牙藻属属于绿藻纲（Chlorophyceae）绿球藻目（Chlorococcales）小球藻科（Chlorellaceae）。细胞新月形，两端尖，通常4个、8个、16个细胞以凸面相对排列成1组。整个群体有100个以上的细胞。单个细胞有1个大的周生色素体，除细胞凹陷的小部分外，充满整个细胞。具1个蛋白核或无。以似亲孢子繁殖。

羊角月牙藻（*Selenastrum carpricornutum*）：特征同属，是污染物生物毒性效应测试的常见模式生物。

4. 盘星藻属（*Pediastrum*）

盘星藻属属于绿藻纲（Chlorophyceae）绿球藻目（Chlorococcales）水网藻科（Hydrodictyaceae）。植物体由2～128个，但多数是由8～32个细胞构成的定型群体。细胞排列在1个平面上，大体呈辐射状；每个细胞内常有1个周位的盘状色素体和1个蛋白核，有1个细胞核；细胞壁光滑，或具各种突出物，有的还具各种花纹。中国已报道约10余种和10余变种。属世界性的淡水藻类，浮游或附着于底栖生物上；湖泊、池塘、沼泽、沟渠、稻田中常见，也有生于潮湿土壤之上的。可由淡水携带少量冲入河口水体中。

（1）卵形盘星藻（*Pediastrum ovatum*）：集结体具穿孔；外层细胞卵圆形，具一长角突，侧边突出；内侧细胞卵形或近多角形；细胞壁具细颗粒；集结体直径62～65 μm；外层细胞长20～25 μm（其中角突长8～12 μm），宽8～10 μm；内层细胞长10 μm，宽8～9 μm。

（2）单角盘星藻原变种（*Pediastrum simplex*）：集结体由8个或16个细胞组成，无穿孔或具极小穿孔；外层细胞略呈五边形，外侧的两边延长成一渐窄的角突，周边凹入；内层细胞五边形或六边形；细胞壁光滑或具颗粒；外层细胞长18～21 μm（其中角突长14 μm），宽5～11 μm；内层细胞长7～12 μm，宽8～13 μm。

（3）单角盘星藻对突变种（*Pediastrum simplex* var. *biwaeuse*）：本变种的外侧细胞外侧具一角状突起，往往2个突起成对排列。

（4）单角盘星藻具孔变种（*Pediastrum simplex* var. *duodenarium*）：本变种特点是

集结体具大穿孔；细胞近三角形，三边均凹；外侧细胞具尖而长的角突；外层细胞长 26～33 μm（其中角突长 13～21 μm），宽 13～17 μm；内层细胞长 17～18 μm，宽 10～16 μm。

（5）具孔盘星藻（*Pediastrum clathratum*）：集结体由 16 个或 32 个细胞组成，具显著穿孔；外层细胞略呈等腰三角形，其中两侧边向等腰三角形的中轴线凹入，并形成 1 个长角突，细胞间以其基部紧密挤压而连接；内层细胞多角形，末与其他细胞连接处的细胞壁均向内凹陷；细胞壁光滑，集结体直径 68～74 μm；外层细胞长 14～16.5 μm（其中角突长 8～11 μm），宽 8～10 μm；内层细胞长 12～19 μm，宽 8～9 μm。

5. 栅藻属（*Scenedesmus*）

栅藻属属于绿藻纲（Chlorophyceae）绿球藻目（Chlorococcales）栅藻科（Scenedesmaceae）。通常由 4～8 个细胞，有时由 16～32 个细胞组成定型群体，极少数为单细胞。栅藻是淡水中常见的浮游藻类，极喜在营养丰富的静水中繁殖。生长在湖泊、水库、池塘、水坑、沼泽等各种静水水体中。许多种类对有机污染物具有较强的耐受性，在水体自净和污水净化中有一定作用，是有机污水氧化塘生物相中的优势种类。该属根据细胞形状、细胞壁形态、排列方式、棘刺有无等特征共划分为 23 个种。

（1）斜生栅藻（*Scenedesmus obliquus*）：甲型中污带的指示种。定型群体扁平，由 2 个、4 个、8 个细胞组成，常由 4 个细胞组成，群体细胞排列成一直线或略做交互排列。细胞纺锤形，上下两端逐渐尖细。群体两侧细胞的游离面有时凹入，有时突出，细胞壁平滑。4 个细胞的群体宽 12～34 μm，细胞长 10～21 μm，宽 3～9 μm。细胞内含丰富的蛋白质，大量培养可作为蛋白质的来源。

（2）四尾栅藻（*Scenedesmus quadricauda*）：乙型中污带的指示种。定型群体扁平，由 2 个、4 个、8 个、16 个细胞组成，常见的为 4 个或 8 个细胞的群体，群体细胞排列成一直线。细胞为长圆形、圆柱形、卵形，上下两端广圆。群体两侧细胞的上下两端，各具 1 个长或直或略弯曲的刺，中间部分细胞的两端及两侧细胞的侧面游离部上，均无棘刺。4 个细胞的群体宽 10～24 μm，细胞宽 3.5～6 μm，长 8～16 μm，刺长 10～13 μm。

6. 鼓藻属（*Cosmarium*）

藻体为单细胞，也可相连为球形或丝状群体。多数种类的细胞均分为对称的两半（称"半细胞"），中间有一狭隘部分，称为"藻腰"。细胞壁光滑，或由小疣、小颗粒状突起构成一定的纹饰。半细胞呈半圆形、椭圆形、肾形、梯形或方形。叶绿体片状，1个，少数种有2个或4个。细胞核位于藻腰处。造粉核分布在叶绿体的轴部。无性繁殖时，细胞在藻腰处分裂为2个，各自新生另一半。有性生殖为接合生殖。可根据细胞壁的特征（如细胞壁平滑、具穿孔纹、具小孔纹或具各种纹饰）和半细胞形状进行分类。

鼓藻（*Cosmarium* sp.）：鼓藻属种类很多，世界上已报道1200多种和数百个变种。广布于静水小池塘内，为常见的浮游藻类。

7. 空球藻属（*Eudorina*）

空球藻属属于绿藻纲（Chlorophyceae）团藻目（Volvocales）团藻科（Volvocaceae）。定形群体椭圆形，罕见球形，由16个、32个或64个（常为32个）细胞组成，群体细胞彼此分离，排列在群体胶被的周边，群体胶被表面光滑或具胶质小刺，个体胶被彼此融合。细胞球形，壁薄，前端向群体外侧，中央具2条等长的鞭毛，基部具2个伸缩泡。色素体杯状，仅1个中色素体为长线状，具1个或数个蛋白核。眼点位于细胞前端。无性生殖为群体细胞分裂产生似亲群体，有性生殖为异配生殖。常见于有机质丰富的小水体内。

空球藻（*Eudorina elegans*）：特征同属，群体胶被表面光滑。群体直径50～200 μm，细胞直径10～24 μm。本种广泛分布于世界各个国家与地区。

8. 团藻属（*Volvox*）

团藻属属于绿藻纲（Chlorophyceae）团藻目（Volvocales）团藻科（Volvocaceae）。由500～50000个细胞构成的球形或卵形定型群体或多细胞个体，直径0.5～1.5 mm。球体由1层细胞组成，细胞外被1层胶鞘，鞘与鞘相接；群体中央有1个大的空腔，其中充满极稀的水样胶体；细胞卵形，在某些种类呈六边形，其结构略如1个衣藻细胞，较小的一端朝外，各向外伸出1对鞭毛；细胞内有1个细胞核，1个眼点，1个含有蛋白核的色素体，2个或更多的伸缩泡；细胞与细胞之间常有在细胞分裂时保留的原生质丝的相连部分，有些种类细胞间相连部分较大，致使细胞呈星芒状，另一些种类则在分裂中，并未留下任何相连部分；群体呈现极性，球体的前一半细胞较小，眼点较大，均是营养细胞；球体的后一半，细胞渐大，眼点渐小，有些细胞分化成为生殖细胞。

非洲团藻（*Volvox africanus*）：群体具胶被，卵形，由3000～8000个细胞组成。群体细胞彼此分离，排列在群体胶被周边。雄性群体通常为椭圆形；成熟群体细胞间无细胞质连丝。细胞卵形，前端中央具2条等长的鞭毛，基部有2个伸缩泡。色素体杯状，基部具有1个或数个小的蛋白核。眼点位于细胞近前端的一侧。本种为淡水种，是世界广分布种。

五、蓝藻的形态结构及代表种属

蓝藻属原核生物，其细胞中没有细胞核，组成核的物质集中在细胞中央，形成核区。核区周围的细胞质通常称为周质或色素质，光合色素集中分布在这里。只有光合片层，没有载色体等膜细胞器。光合色素有叶绿素 a、类胡萝卜素、藻蓝素、藻红素。蓝藻多呈蓝绿色，也有少数为红色。蓝藻细胞中贮藏的光合产物主要为蓝藻淀粉或肝糖类物质等。蓝藻淀粉可被碘液染成棕褐色。周质中有气泡（假液泡），充满气体，与其浮游生活相适应。假液泡在低倍镜下观察是强折光而不规则的较大的黑色物体，在高倍镜下呈红色或深红色。

藻体类型有 3 种，分别为单细胞、群体和细胞成串排列成藻丝的丝状体。蓝藻细胞均有细胞壁，主要成分为粘肽（肽葡聚糖，可被溶菌酶溶解）。大多数蓝藻的细胞壁外均有胶质鞘。少数物种在细胞分裂后，子细胞立刻分离而成为单细胞体。非丝状群体的细胞分裂，如果分裂向 2 个方向进行，那么通常形成有 1 层细胞厚的片状群体或 1 个中空的球状群体；如果分裂向 3 个方向进行，并且分裂顺序十分规律，那么可形成 1 个立方形群体，但更多的是分裂顺序不规律，因此群体内的细胞排列是不规律的。

丝状群体的细胞分裂始终向 1 个方向进行，子细胞不分离，依靠相邻细胞的细胞壁相连而成。丝状群体中具有 1 条或多条藻丝。藻丝内的细胞直径有的一致，也有的向其一端或两端逐渐变狭小。藻丝有分枝、不分枝、假分支或真分枝的。有些丝状体类型能滑行或摆动，如颤藻属。有许多丝状蓝藻的营养细胞能特化成比营养细胞稍大的厚壁孢子或异形胞。厚壁孢子贮存内含物丰富，有抵御不良环境的功能，其细胞质可分裂产生新的藻丝。异形胞的呼吸作用较营养细胞强，造成异形胞内的厌氧环境，是蓝藻固氮的主要场所。

1. 微囊藻属/多胞藻属/微胞藻属（*Microcystis*）

微囊藻属/多胞藻属/微胞藻属属于色球藻目（Choococcales）微囊藻科（Microcystaceae）。细胞呈球形，由多数细胞包在胶质物中形成不规则群体。群体胶被均匀无色。常有假空泡和颗粒。细胞分裂繁殖。池塘、湖泊常见的浮游蓝藻，大量繁殖时引起湖靛，并产生毒素，有害于水产养殖。

铜绿微囊藻/铜锈微囊藻（*Microcysis aeruginosa*）：群体呈球形团块状或不规则形成穿孔的网状团块，橄榄绿色。幼时球形、椭圆形、中实；成熟后为中空的囊状体；随着群体不断增长，胶被的某些区域破裂或穿孔，使群体呈窗格状的囊状体或不规则裂片状的网状体；群体最后破裂成不规则的、大小不一的裂片；此裂片又可成为1个窗格状群体。细胞呈球形、近球形，直径 5 μm（3～7 μm）。细胞分布均匀而又密贴。铜绿微囊藻产微囊藻毒素，具有强烈的肝毒性。本种为淡水种，分布很广。

2. 螺旋藻属（*Spirulina*）/大节旋藻属（*Arthrospira*）

螺旋藻属/大节旋藻属属于颤藻目（Oscillatoriales）假鱼腥藻科（Pseudanabaenaceae）。本属物种与颤藻属物种的不同之处是，藻丝体常围绕其纵轴旋转、呈螺旋状卷曲。有横壁，具有运动能力，藻丝体能做螺旋状或弯曲状活动。螺旋藻分种的区别主要在于藻丝体宽度的大小和螺距的紧密与松弛。除藻丝的宽度不同外，大螺旋藻的螺距十分松弛，有点像拉松了的弹簧；海生螺旋藻的螺旋状卷曲十分紧密；短丝螺旋藻的宽度只及海生螺旋藻的1/2。本属分布较广，淡水和海水中均有本属的物种。营附着或浮游生活。

海生螺旋藻（*Spirulina subsalsa*）：藻丝体螺旋状，螺旋状有时紧密，有时松弛，整条螺旋状藻丝体亦有绕弯。藻丝体宽 1～2 μm，螺环的直径为 3～5 μm。藻丝体绝大多数单独混生在其他丝状体海藻中，大量密集时，能成为膜状藻层，呈蓝绿色或黄绿色。藻体蠕颤运动较为快速，是观察蓝藻运动的好材料。本种为世界性分布种，热带、温带和寒带都有分布。单独存在或与其他丝状体海藻混生在一起，附生在礁石或死珊瑚上。

3. 颤藻属（*Oscillatoria*）

颤藻属属于颤藻目（Oscillatoriales）颤藻科（Oscillatoriaceae）。藻体单一不分枝，直走或弯曲；或许多藻丝互相交织而形成片状、束状或皮革状的蓝绿色团块。藻丝外表无胶鞘。藻丝端部细胞往往逐渐狭小而变尖细，有的弯曲如钩，或做螺旋状转向；有的其游离端处的细胞壁增厚而成一帽状体。一般细胞为短圆柱形，细胞的内容物一般为灰蓝色或深蓝绿色，有些种有伪空胞。以藻殖段繁殖。丝状体不分枝，单生或交织成片，会做节律性颤动，故此命名。颤动是由于分泌的胶质将丝体推向反向而发生的。裂殖生殖，双凹形的死细胞（分离盘）将丝体分成若干个段殖体。无胶质鞘或有而很薄。藻体常集结成团在水中漂浮或形成一薄层附着在潮湿的土表。

（1）庞氏颤藻（*Oscillatoria bannemaisonii*）：丝体很长，弯曲，有时呈疏松而不规则的波状或螺旋状卷曲。藻丝顶部细胞略渐尖，有时不渐尖，顶端细胞外侧呈凸状。相邻细胞的横隔膜处微有缢缩，没有颗粒体，细胞原生质中常有少数较大的颗粒体。细胞直径为 15～25 μm，细胞高 3.5～6 μm。藻体常与其他蓝藻混生，附生在礁湖内中潮带的泥沙地表面或礁石上。

（2）丰裕颤藻（*Oscillatoria limos*）：藻体为多细胞单列丝体，无胶质鞘，直形不弯曲，丝体末段不渐尖。丝体内细胞几乎等大，直径为 11～20 μm，一般为 13～16 μm，细胞长 2～5 μm。相邻细胞的横隔膜处不缢缩或微微缢缩，在横隔膜处有颗粒体。

4. 席藻属（*Phormidium*）

席藻属属于颤藻目（Oscillatoriales）颤藻科（Oscillatoriaceae）。藻体为多细胞单列丝体，长短不一，直或弯曲，不分枝。藻丝圆柱形，末端常渐尖，具鞘。单细胞圆柱形，横壁收缢或不收缢，末端渐尖。细胞壁具薄的无色的胶藻丝分泌出某种溶解状胶质，使藻丝黏合成藻丛。藻丛扁平，胶状或皮状，通常附着在基质上，或与其他蓝藻混生。附生在礁湖内潮间带的泥沙表面或死珊瑚上。

席藻（*Phormidium* sp.）：特征同属。

5. 鞘丝藻属/林比藻属/鞘颤藻属（*Lyngbya*）

鞘丝藻属/林比藻属/鞘颤藻属属于颤藻目（Oscillatoriales）颤藻科（Oscillatoriaceae）。本属物种和颤藻属物种的藻丝体结构基本相同，所不同的是本属物种的藻丝体都有明显的胶质鞘。藻体蓝绿色，黏滑，丝状，丛生。为单列细胞不分枝的丝状体，高 3～4 cm。直径 13～14 μm，是细胞高度的 4 倍，上下直径相同。胶鞘和藻殖段明显可见。本属物种分布很广，淡水、海水和土壤环境都有分布。海生的物种在中国海域已报道 12 种，分布在各海域的潮间带。主要营附生生活。

附生鞘丝藻（*Lyngbya majuscula*）：藻丝的一部分或全部附生在其他较大的丝状藻体上，有时呈螺旋状缠绕或贴附或附生。藻体淡蓝绿色。胶质鞘很薄但很清晰，透明无色。细胞长圆柱形，宽 1～1.5 μm，其长是宽的 1～2 倍。细胞内含物均匀，一般在镜检下看不到颗粒体。相邻细胞间横隔膜处不缢缩。藻丝前端不渐尖，顶端细胞外侧呈钝圆形，不呈冠状。本种为世界性分布种。附生在其他藻丝体上。

六、金藻的形态结构及代表种属

有关金藻的分类，迄今为止藻类学家还没有形成统一的认识。有学者将其归为异鞭藻门（Heterokontophyta）金藻纲（Chrysophyceae）。藻体为单细胞或集成群体，浮游在水面上或附着在其他生物上。多为裸露的单细胞，有细胞壁的种类，其细胞壁主要成分为果胶质。部分种类在表质上具有硅质或钙质化鳞片、小刺或囊壳，有些种类可特化成类似骨骼的构造。金藻色素除叶绿素 a、叶绿素 c、β-胡萝卜素和叶黄素等以外，还有副色素，这些副色素总称为金藻素。色素体金褐色、黄褐色或黄绿色。金藻的色素体仅1个或2个，片状，侧生。金藻多糖（金藻昆布糖/白糖素）和油脂（脂肪）为主要贮藏物，无淀粉。白糖素呈光亮而不透明的球体，称为白糖体，常位于细胞后部。细胞核1个。液胞1个或2个，位于鞭毛的基部。

1. 网骨藻属/等刺硅鞭藻属（*Dictyocha*）

网骨藻属/等刺硅鞭藻属属于异鞭藻门（Heterokontophyta）/棕色藻门（Ochrophyta）硅鞭藻纲（Dictyochophyceae）硅鞭藻目（Dictyochales）。藻体微小，表面有1层膜。具1根鞭毛。细胞内有1～2个以上的硅质基环，基环有分歧的刺（放射棘），4～8面，还有一顶生的弓形顶端器（中心柱），有的弓形顶端器由多个小窗格（基窗）集合而成。原生质内有多数金棕色粒状质体。单核，位于细胞中央。繁殖方式为细胞分裂。硅质骨架的形态结构是其分类的重要依据。

小等刺硅鞭藻（*Dictyocha fibula*）：藻体幼时球形，有1根鞭毛，幼时无骨架。成熟藻体含有粗的硅质骨架，被原生质体包裹。原生质体内含有多数褐色盘状质体。骨架由基环、基肋和中心柱组成。基环菱形或正方形，基环的每角有一放射棘，基环每边的近中央处有基肋伸出，并与中心柱连接，形成4个基窗。本种为世界性种，能形成赤潮。

2. 异刺硅鞭藻属（*Distephanus*）

异刺硅鞭藻属属于异鞭藻门（Heterokontophyta）/棕色藻门（Ochrophyta）硅鞭藻纲（Dictyochophyceae）硅鞭藻目（Dictyochales）。藻体单细胞，生有1根鞭毛。体内有坚硬的硅质骨架，外被原生质膜。质体金棕色。细胞核单个，位于细胞中央。细胞质向外放射状伸出并含有质体。营浮游生活。

六异刺硅鞭藻（*Distephanus speculum*）：藻体幼时球形，有1根鞭毛。体内有多角形粗硅质骨架和许多黄褐色盘状质体。骨架由基环、基肋和顶环组成。基环六角形，每角有1条放射状长刺，从基环每边的中部伸出一基肋，基肋的顶部相连形成六角形顶环和8个基窗。本种根据基环形状、基窗和顶窗的大小、基环的支持刺和顶环的顶刺的有无，分成7个变种。本种为世界性广分布的物种。

七、作业及思考

（1）总结绿藻、蓝藻和金藻的基本特征，掌握其代表种属的主要特征，认识其代表种类。

（2）对于课堂所见的各类代表，请绘草图于笔记本上，绘制2～3种代表性种类的形态构造图并标出其主要结构，下课时交。

第三章 海洋大型藻类观察

第一节 大型红藻的形态特征及代表种类

一、目的要求

（1）了解大型红藻的一般外部形态特征，如丝状体、叶状体等，了解大型红藻的一般生活史特征，弄清孢子体、配子体和果孢子体的区别。
（2）掌握各属的主要特征，认识常见的代表种类（属）。
（3）了解紫菜细胞的特点，掌握紫菜有性生殖器官精子囊和果胞的构造。

二、实验用具及材料

（1）仪器耗材：光学显微镜、瓷盘、镊子、过滤海水。
（2）藻体及标本：各类大型红藻的新鲜藻体及蜡叶标本；紫菜横切玻片标本、紫菜精子囊永久玻片标本、紫菜果孢子囊永久玻片。

三、实验方法

（1）外部形态观察：取不同种类大型红藻的新鲜藻体，准备好瓷盘，并装入适量的过滤海水，将藻体放入瓷盘用过滤海水清洗，注意海藻藻体的完整性，用镊子小心将藻体展开，观察藻体的颜色和形态；取各类红藻的蜡叶标本进行观察。
（2）细胞学形态观察：取紫菜的切片玻片标本在显微镜下观察紫菜细胞的形态，如细胞层数、细胞外围的胶质包被，以及细胞内的色素体和淀粉核等细胞器；取紫菜精子囊和果孢子囊永久玻片进行观察。

四、大型红藻的形态结构

（1）红藻门形态构造丰富，大型红藻藻体类群包括丝状体、假膜状体、膜状体等多种构造，主要分布于海洋中。

（2）红藻门物种通常呈现出特殊的红色，这是因为红藻细胞所含的色素不仅有叶绿素 a、叶绿素 d、叶黄素、胡萝卜素，还含有辅助色素藻红素和藻蓝素，辅助色素的比例不同导致藻体颜色各异。红藻细胞每个质体含有 1 个单带型类囊体，没有质体内质网。

（3）在红藻的繁殖过程和复杂的生活史中，没有游动细胞阶段，这是红藻门物种的重要特征。红藻门物种有性生殖产生无鞭毛的不动精子，精子在水流的作用下到达雌性生殖器官果胞与卵结合。

五、常见属及代表种类

1. 紫菜属（*Pyropia*）

紫菜属属于红毛菜纲（Bangiophyceae）红毛菜目（Bangiales）红毛菜科（Bangiaceae）。藻体为单层或双层细胞组成的叶状体，基部由盘状固着器固着于基质上，无柄或具有小柄；边缘全绿或有锯齿；细胞由胶质包被，内含 1 个或 2 个星形质体，含 1 个蛋白核。无性繁殖时叶状体由营养细胞与表面垂直分裂形成单孢子。丝状体产生壳孢子。有性繁殖为雌雄同体或异体。紫菜的有性生殖器官分别为精子囊和果胞，产生精子囊的叶状体边缘细胞呈黄白色，颜色较淡；产生果胞的叶状体边缘细胞颜色较深，呈紫红色。精子囊由藻体边缘细胞开始分裂，形成 16 个、32 个、64 个或 128 个精子囊，各产生 1 个精子，精子无色或黄色。果胞由藻体边缘的营养细胞形成，上端略突出呈原始受精丝，内含 1 个卵核。受精后形成合子，合子核经有丝分裂形成 8～32 个果孢子。精子囊和果孢子囊在不同种的紫菜中都有一定的分布区。

（1）紫菜的精子囊构造：精子囊由藻体边缘细胞开始分裂，形成 16 个、32 个、64 个或 128 个精子囊，每个精子囊各产生 1 个不动精子，精子无色或黄色。每个营养细胞多次分裂产生的多个精子囊会排列成立方体的构造，不同种类的紫菜其精子囊有其特定的排列顺序，即排列式不同（图 3-1）。取紫菜精子囊永久玻片标本观察精子囊的排列式，对比精子囊切面观与表面观细胞排列的特征。

（2）紫菜的果胞和果孢子囊构造：紫菜的果胞由藻体边缘的营养细胞形成，上端略突出，呈原始受精丝，内含 1 个卵核。受精后形成合子，合子核经有丝分裂形成果孢子囊，内含 8～32 个果孢子。果孢子囊在不同种的紫菜中都有一定的分布区。取紫菜果孢子囊永久玻片观察果孢子囊的排列式，对比果孢子囊切面观与表面观细胞排列的特征。

紫菜从中国海南岛东北部一直到最北方海滨都能生长，约有 10 种，最常见并已进行人工养殖的有条斑紫菜（*P. yezoensis*）、坛紫菜（*P. haitaneusis*）等。

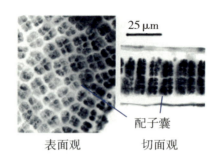

图 3-1 紫菜配子囊排列的表面观和切面观

条斑紫菜（*Pyropia yezoensis*）：条斑紫菜为中国北方沿岸常见种类，为长江以北的主要栽培藻类。条斑紫菜的生活史由叶状配子体世代和丝状孢子体世代构成。其叶状体卵形或长卵形，野生藻体高 12～30 cm，分为固着器、柄（不明显）和叶片。取蜡叶标本观察藻体颜色和形态，着重观察藻体基部和藻体边缘。藻体基部为盘状固着器，藻体边缘有皱褶、全缘。观察配子体的"条斑"形态，即通常在叶片顶端形成精子囊群，并镶嵌在果孢子囊群间，呈条状斑纹。

坛紫菜（*Pyropia haitanensis*）：坛紫菜为我国浙江、福建和广东沿岸的主要栽培藻类。坛紫菜的叶状体膜质，披针形或长卵形；野生藻体体长 10～20 cm，养殖藻体最长可达 1～2 m。取蜡叶标本观察藻体颜色和形态，观察坛紫菜的外部形态与条斑紫菜的异同。着重观察藻体基部和藻体边缘，如锯状突起等。

2. 海萝属（*Gloiopeltis*）

海萝属属于真红藻纲（Florideophyceae）杉藻目（Gigartinales）内枝藻科（Endocladiaceae）。藻体直立，具不十分规则的叉状分枝，圆柱状或扁压，内部组织疏松或中空，中轴由长圆柱状细胞组成；中轴细胞向外放射式分枝，枝末的小细胞念珠状，组成皮层。四分孢子囊散生在皮层中，十字形分裂；囊果球形或半球形，突出于体表面，密集遍布在藻体上。

海萝（*Gloiopeltis furcate*）：生活史由同形的配子体和孢子体，以及果孢子体三相世代构成。取蜡叶标本观察藻体颜色和形态：藻体直立，丛生；紫红色，黄褐色至褐色，软革质，干燥后韧性强，株高 4～10 cm，最高可达 15 cm。藻体分为固着器和分枝。固着器盘状；分枝管状中空，圆柱形或扁圆柱形；不规则二叉分枝，且分枝基部常缢缩。生于中潮带和高潮带下部的岩石上。分布于辽宁、河北、山东、江苏、浙江、福建、广东、台湾等地沿海。

3. 叉枝藻属（*Gymnogongrus*）

叉枝藻属属于真红藻纲（Florideophyceae）杉藻目（Gigartianles）叉枝藻科（Phyllophoraceae）。藻体直立枝，角质，重复双分枝或多叉分枝。全部双分枝的藻体，其分枝的排列呈一个平面或作不同的缠结，有时发生侧生小枝。第一或第二双分枝的枝体为圆柱形，再向上面分枝的枝体大多侧扁形。固着器盘形。成熟的囊果深埋在藻体中，球形。四分孢子囊呈不规则带形分裂。

扇形叉枝藻（*Gymnogongrus flabelliformis*）：藻体暗红或紫色，坚硬如角质，丛生，直立两歧分枝。初生分枝或次生分枝呈圆柱形，其他枝扁平，通常枝的顶端呈钝形或稍尖锐，有时仅成 2 裂。藻体高 4～8 cm，下部枝宽 1～1.5 mm，上部枝宽 1～2 mm。盘状固着器。在末枝或次生末枝上，3～4 个球形囊果连接成 1 列，成熟囊果深埋于藻体内，在枝的两侧隆起。生于低潮线附近岩石或石沼中。藻体含有琼胶质，可用作制琼胶的辅助原料。

4. 石花菜属（*Gelidium*）

石花菜属属于真红藻纲（Florideophyceae）石花菜目（Gelidiales）石花菜科（Gelidiaceae）。藻体直立，具有圆柱形至扁平状两侧羽状分枝的主干。生长方式为顶端生长。每个中轴细胞形成 4 个围轴细胞，然后再生出丝体构成髓部。生活史中具有孢子体世代和配子体世代，此外，还有第三个世代寄生于配子体上，即果孢子体世代。孢子体和配子体外形相似。四分孢子是由双相的孢子母细胞经过减数分裂而形成的，四分孢子呈"十"字形分裂。

石花菜（*Gelidium amansii*）：生活史由同形的配子体和孢子体及果孢子体三相世代构成。取蜡叶标本观察藻体颜色和形态：藻体紫红色，有时因环境不同可呈深红色、酱紫色、淡黄色等，基部假根无色。藻体直立部高 10～30 cm。枝呈圆柱形或稍扁，两侧羽状分枝。分枝互生或对生，通常为 2～3 回的羽状分枝。固着器假根状。生于大干潮线及潮下带岩礁。自然分布于中国辽宁、山东、江苏、浙江、福建和台湾岛沿海。

5. 江蓠属（*Gracilaria*）

江蓠属属于真红藻纲（Florideophyceae）江蓠目（Gracilariales）江蓠科（Gracilariaceae）。藻体数回分枝，分枝不规则或近于双分枝，枝圆柱形或扁平叶状。枝顶有一顶端细胞，由它分生成髓部与皮层细胞，但在顶端细胞后面无明显的中轴。髓部由大

而无色的薄壁细胞组成。皮层细胞较小，含带形质体。四分孢子囊互相分离，埋生于藻体的表面之下。四分孢子囊呈十字形分裂。精子囊群生于藻体表面下或生在下陷于表面类似生殖窝的凹陷内。果胞枝由2个细胞组成，生支持细胞外面。支持细胞侧面又生2组特别的营养细胞。受精后，果胞膨大与邻近细胞（支持细胞、营养细胞）融合，形成1个大的胎座，从它向藻体表面生出产孢丝，产孢丝分枝，每枝具有几个细胞，由它们发育成果孢子囊，成熟囊果突出于藻体表面呈半球形，有一大型的基部胎座组织，其四周的皮层细胞形成囊果被，并具一囊孔。

真江蓠（*Gracilaria vermiculophylla*）：生活史由同形的配子体和孢子体，以及果孢子体（即囊果，长于配子体上）三相世代构成。取蜡叶标本观察藻体颜色和形态：藻体红褐或紫褐色，有时带绿或黄色。藻体分为固着器、主枝和分枝，圆柱状多分枝，株高30～50 cm，固着器盘状。枝多伸长，常被有短的或长的小枝，或裸露不被小枝；分枝互生或偏生。

6. 蜈蚣藻属（*Grateloupia*）

蜈蚣藻属属于真红藻纲（Florideophyceae）海膜藻目（Halymeniales）海膜科（Halymeniaceae）。藻体直立，直立枝扁平，两端生羽状分枝，基部为一盘装固着器。整个藻体表面平滑、柔软，呈紫红色。顶端生长，由一群顶端原始细胞进行。皮层由致密短小的细胞组成；髓部由无色星状细胞和由皮层内部生长出来的假根丝组成。四分孢子囊呈十字形分裂，埋藏于藻体皮层内。雌雄异株，精子囊群由叶片表面形成，无色。果胞枝由2个细胞组成，生在髓部以外的特殊丝体上。辅助细胞丝分枝很多，由髓部外面细胞发生，在其基部有一膨大细胞即辅助细胞。产孢丝分枝，由辅助细胞向藻体表面生出，分枝丝体最外的细胞发育成果孢子囊。成熟囊果深埋体内，包被囊果的皮层组织上开一孔。

（1）蜈蚣藻（*Grateloupia filicin*）：生活史由同形的配子体和孢子体及短暂的果孢子体三相世代构成。藻体单生或成丛，黏滑，呈紫红色，株高20～30 cm。藻体分为固着器、柄与叶片。固着器盘状，常具短柄。主枝两侧生1～3回羽状分枝，形似蜈蚣，内部为多轴型，分皮层和髓部。生殖细胞由皮层细胞形成，散布于藻体表面。生于波浪比较大的潮间带岩礁，在中国各省沿海都有分布。

（2）舌状蜈蚣藻（*Grateloupia livid*）：生活史由同形的配子体和孢子体及果孢子体三相世代构成。取蜡叶标本观察藻体颜色和形态：舌状蜈蚣藻藻体一般呈紫红色，黏滑，株高10～25 cm，主枝两侧生羽状分枝。藻体分为固着器、柄与叶片。固着器盘状，柄较短，成体时中空。叶片带状，宽0.5～2.5 cm，并在顶端有明显的舌状分叉。生于低潮带的石沼或大干潮线附近的岩礁。

7. 珊瑚藻属（*Corallina*）

珊瑚藻属属于真红藻纲（Florideophyceae）珊瑚藻目（Corallinales）珊瑚藻科（Corallinaceae）。藻体基部壳状，上生直立枝，主轴具关节，每节生1对分枝或小分枝，分枝呈羽状。节间钙化，宽而扁。次生分枝狭窄，圆柱形，节不钙化。精子囊或果胞枝由短的直立丝产生。在孢子体上，四分孢子囊生在具单孔的生殖窝内。四分孢子囊带形分裂。

珊瑚藻（*Corallina officinalis*）：藻体直立丛生，生出羽状侧枝，侧枝再生出复羽状小枝。主枝及侧枝的节间基部为圆柱形，中部及上部略扁，向上端稍有扩展，枝顶端的节间圆柱状，前端稍平。小羽枝的节间圆柱形，有时略扁。生殖窝生在小羽枝上，有长柄，卵形；有时为无柄疣状，生于节间部。生于潮间带岩石上或石沼内。

8. 顶群藻属（*Acrosorium*）

顶群藻属属于真红藻纲（Florideophyceae）仙菜目（Ceramiales）红叶藻科（Delesseriaceae）。藻体不规则分枝，枝体扁平，无中肋和对生侧脉，但具有纵向的细脉。小分枝锯刺状、裂片状。无横关节生长点细胞。四分孢子囊生于枝的顶端或边缘裂片上，由皮层细胞形成。成熟四分孢子囊群呈球块状。囊果具有不育细胞。

顶群藻（*Acrosorium yendoi*）：藻体鲜红色，不规则叉状分枝，高1.5～5 cm，宽2～3 mm。小分枝锯刺状，较大的分枝较宽，形似山羊角，枝端钝方形，边缘全缘。藻体往往从体内伸出许多根状突起，匍匐于其他海藻体上。分枝大部游离生长。具有明显的细脉。四分孢子囊群呈小卵形，生于藻体边缘或顶端呈圆斑状。有性繁殖器官未曾发现。生长于大干潮附近岩石上或附生于其他藻体上，为黄海、渤海沿海常见种。

9. 红皮藻属（*Rhodymenia*）

红皮藻属属于真红藻纲（Florideophyceae）红皮藻目（rhodymeniales）红皮藻科（Rhodymeniaceae）。藻体呈双叉分枝或不规则分裂，也有全缘不分裂的，叶缘上往往生有或不生芽体，无中肋或叶脉。分枝稍扁或叶片状，具有明显或不明显的柄。枝体通常生长由顶端细胞或1个边缘分生细胞分裂。基部具有盘状固着器，也有圆柱形分枝根状的匍匐固着器。四分孢子囊十字形分裂。成熟囊果球状，分布在整个枝体上或只限于枝体的顶端，具有厚的果被，其上开囊孔。

错综红皮藻（*Rhodymenia intricata*）：藻体紫红色，软骨质膜状体，基部由表面生

出丝状匍匐枝成为盘状固着器，固着岩石上。枝稍扁，不规则的叉状分枝，有时稍呈羽状分枝，枝端钝圆，舌状或尖锐。藻体长 5～10 cm，枝宽 2～3 mm。囊果具有一囊孔，膨大呈小球状或半球状，生长在枝的上部边缘或近叶片状枝体的两侧边缘。生于低潮带附近岩石上或潮间带石沼内。

10. 我国南海西沙海域的大型红藻种类

西沙海域是我国南海生物多样性最为丰富的海域，中山大学"南海科学考察计划"航次对西沙海域的海藻生物样本进行了采集，主要包括红藻门乳节藻属（$Dichotomaria$）、鱼栖台属（$Acanthophora$）、凹顶藻属（$Laurencia$）、红毛菜属（$bandia$）等。海藻样本按本章第一节的实验内容制作蜡叶标本，取蜡叶标本进行显微镜观察，了解我国西沙海域不同形态的红藻门大型藻类。

六、作业及思考

（1）总结大型红藻的基本特征，掌握红藻各属的主要特征。
（2）绘制紫菜的横切构造图并标出其主要结构，下课时交。
（3）绘制紫菜精子囊和果孢子囊的切面观与表面观细胞排列图，下课时交。

第二节 褐藻的形态特征及代表种类

一、目的要求

（1）了解褐藻的外部形态特征，了解褐藻的一般生活史特征。
（2）掌握各属的主要特征，认识常见的代表种类（属）。
（3）掌握海带的细胞学特征及配子体构造。

二、实验用具及材料

（1）仪器耗材：光学显微镜、瓷盘、镊子、过滤海水。

(2) 藻体及标本：海带属（*Laminaria*）、裙带菜属（*Undaria*）、网地藻属（*Dictyota*）、马尾藻属（*Sargassum*）、喇叭藻属（*Turbinaria*）、团扇藻属（*Padina*）等不同褐藻的新鲜藻体及蜡叶标本；海带孢子体横切玻片标本；海带雌配子体玻片标本、海带雄配子体玻片标本。

三、实验方法

(1) 外部形态观察：取不同种类褐藻的新鲜藻体，准备好瓷盘并装入适量的过滤海水，将藻体放入瓷盘用过滤海水清洗，注意海藻藻体的完整性，用镊子小心将藻体展开，观察藻体的颜色和形态；取各类褐藻的蜡叶标本进行观察。

(2) 细胞学形态观察：取海带孢子体的切片玻片标本在显微镜下观察海带细胞的形态，如孢子体表皮、皮层和髓的构造，孢子囊的细胞构造，以及细胞内的色素体和淀粉核等细胞器；取海带雌配子体和雄配子体玻片标本分别观察海带卵囊、精子囊的构造。

四、褐藻的形态结构

(1) 褐藻因含有大量的类胡萝卜素（岩藻黄素等）及褐藻单宁酸类物质而呈现出特殊的棕褐色。褐藻门藻类均属于大型藻类，最大的藻体可长达 100 m 以上［如巨藻（*Macrocystis* sp.）］，具有丝状、假薄壁组织和薄壁组织的叶状藻体，并且在生活史中具有明显的不等世代交替。主要分布于海洋中。

(2) 所有褐藻细胞的质体中都具有蛋白核。网地藻目（Dietyotales）团扇藻属（*Padina*）的部分物种出现细胞壁钙化，碳酸钙以霰石的针状结晶形式沉积在扇形叶状体表面的同心条中。褐藻细胞光合作用的主要产物为褐藻淀粉（laminarin）及甘露醇（mannitol）。

五、常见属及代表种类

1. 海带属（*Laminaria*）

海带属属于海带目（Laminariales）海带科（Laminariaceae）。海带属（*Laminaria*）和糖藻属（*Saccharina*）在分子进化上呈现分枝，但在生物特征方面没有本质的差异。藻体褐色，由固着器、茎与叶组成。叶扁平，单片。藻体生长为居间生长，分生细胞在叶片基部与茎的连接处。无性繁殖时，由表皮细胞形成单室孢子囊。单室孢子囊成群，可遍布叶片两面。有性繁殖为卵式生殖。该属物种主要分布在冷温带，在潮下带的岩石上或其他定形的海底基质上固着生活。

（1）海带的细胞学形态：取海带孢子体的徒手切片或横切玻片标本，在显微镜下观察孢子体和孢子囊的细胞构造。海带孢子体的结构可分为表皮、皮层和髓（图3-2）。表皮为最外面的1层组织，由1～2层方形小细胞组成，排列整齐、紧密，内含有小椭球形质体，表皮外有胶质层，起保护作用，由黏液腔分泌而成（图3-3）。皮层是介于表皮与髓部的1层组织，由截面呈方形或长方形的薄壁细胞组成，接近表皮的为外皮层，接近髓部的为内皮层，自表皮向内的细胞逐渐增大。外皮层的细胞之间排列不整齐，细胞壁薄，内皮层细胞的细胞壁厚，排列整齐。髓部是中部组织，由许多无色的髓丝组成。叶片的髓部比较狭小，只有在幼嫩的叶部才可见到。

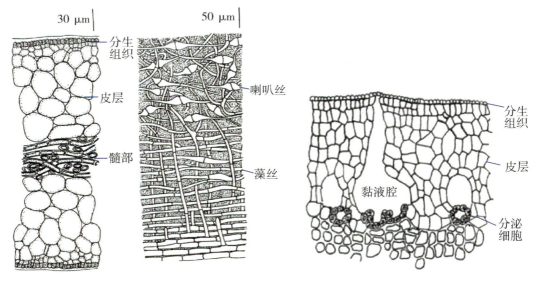

图3-2　海带孢子体的细胞构造　　　　图3-3　海带孢子体的黏液腔

（2）孢子囊的细胞构造：叶片表皮细胞产生孢子囊，孢子囊集生成群，暗褐色，在叶的两面不规则分布。孢子囊呈棒状，与隔丝相间排列。隔丝顶端有胶质冠，下部细长无色。每个孢子囊形成32个游孢子，游孢子成熟后，由孢子囊顶逸出萌发，形成丝状的雌、雄配子体。

（3）海带的配子体构造：取海带雌、雄配子体玻片标本，在显微镜下观察。雄配子体为多细胞丝状体，细胞含有少数质体，精子囊无色，单一或成群，1个精子囊形成1个精子。雌配子体为单个细胞（在人工培养条件下，可出现几个细胞），圆球形，含质体较多，颜色较深，卵囊上尖下圆，内含1个卵。成熟卵由卵囊顶端小孔挤出，但并不完全离开，而是停留在卵囊顶端等待受精。精子随水漂游至卵处，与卵接合形成合子并发育成为孢子体。

中国的海带是由日本北海道等国家和地区移植过来的。现在中国沿海由北至南均能利用筏式养殖进行大面积的海带养殖。海带是一种经济价值很高的海藻，可食用、药用、提碘、制褐藻胶等。

海带（*Laminaria japonica*）：异形世代交替生活史，孢子体大型，配子体微小。取海带新鲜藻体及蜡叶标本观察其孢子体的颜色和形态。藻体褐色，有光泽，由叶片、柄和固着器所组成。柄部圆柱状或扁圆柱状。叶片生在柄的上部，单一无分枝，扁且宽，中央有2条浅沟，为中带部，较厚，边缘较薄呈波褶状。孢子体的幼龄期叶片表面平滑，小海带期叶片表面出现凹凸现象，成长为大海带则平直。海带幼小时固着器盘状，大型藻体的固着器为叉状分枝构成的假根，枝端各具有一吸着盘，以附着于生长基质上。注意观察叶片上斑疤状隆起的孢子囊群。该物种主要分布在冷温带，在潮下带的岩石上或其他定形的海底基质上固着生活。

2. 裙带菜属（*Undaria*）

裙带菜属属于海带目（Laminariales）翅藻科（Alariaceae）。藻体幼期卵形或长叶片形，单条，在生长过程中逐渐羽状分裂，有隆起的中肋，或加厚似中肋，有毛窠，无黏液腔，但有点状黏液细胞。繁殖时由柄部的两侧延伸出褶迭的孢子叶，产生单室孢子囊；有性繁殖与海带相似，配子体有雌雄之别。

裙带菜（*Undaria pinnatifida*）：异形世代交替生活史，孢子体大型。取裙带菜孢子体蜡叶标本观察藻体颜色和形态。裙带菜孢子体呈黄褐色，披针形，分为叶片、叶柄和固着器。固着器由叉状分枝的假根所组成，末端略粗大，用以固着于岩礁上；柄部稍扁，中间稍隆起，边缘有狭长的突起，突起延长到叶片，随着藻体生长、成熟，突起也逐渐生长，最后呈现出木耳状重叠的结构，成为孢子叶；叶片中部有从茎伸长而来的中肋，两侧形成羽状裂片。叶面上散布着许多黑色小斑点，为黏液腺。叶面全部被毛。该种多生于下潮带至潮下带的岩礁，适宜生活在风浪不大、矿质养分较多的海湾内。裙带菜是一种食用海藻，也可作为提取褐藻胶的原料。

3. 网地藻属（*Dictyota*）

网地藻属属于网地藻目（Dictyotales）网地藻科（Dictyotaceae）。本属物种藻体褐色，膜质，扁平重复地二歧分枝，其基部由分枝假根或固着器固着于基质上。顶端生长，无性繁殖时，产生不动孢子（四分孢子）。孢子囊球形，单生或集生。成熟孢子由孢子囊顶散出，分泌纤维素壁直接萌发成配子体。有性繁殖为雌雄异体。精子囊与卵囊分布于整个藻体，表面观为椭圆形，切面观为扇形。卵囊深褐色，精子囊无色。网地藻多生于热带及温带海洋低潮带附近岩石上及石沼内。

（1）网地藻（*Dictyota dichotoma*）：生长在低潮带的岩石上，同形世代交替生活史。取蜡叶标本观察藻体颜色和形态。藻体黄褐色，叶状，膜质，高7～12 cm，宽0.5 cm。藻体分为固着器和分枝。固着器盘状；较规则地二叉状分枝，顶端两裂、圆形。叶片扁平，无柄；藻体下部较宽，上部渐变狭。

（2）叉开网地藻（*Dictyota divaricate*）：丛生于低潮间带的岩石上。藻体橄榄色，稍硬，高约15 cm，扁平双分枝，边缘全缘，具中肋。固着器盘形，基部为假根所盖。藻体表面生有成束的毛。孢子囊小，为长卵形，生于藻体上部中肋的两侧，排成数列。

4. 团扇藻属（*Padina*）

团扇藻属属于网地藻目网地藻科。本属藻体扁平扇状，无中肋，单条呈羽状裂片。藻体生长多为边缘细胞分裂。无性繁殖产生四分孢子。

团扇藻（*Padina crassa*）：多生于热带及温带海区低潮线附近岩石上。同形世代交替生活史。取蜡叶标本观察藻体颜色和形态。藻体扇形，棕褐色，高10 cm，稍厚，膜质。藻体分为多层扇形叶片、短柄和固着器。扇形部分常分裂成几个同样的扇形裂片，边缘全缘而向下卷曲。上表面及下表面都生毛，排成若干行同心纹层。多数藻体的成体出现钙化现象。

5. 鹿角菜属（*Pelvetia*）

鹿角菜属属于墨角藻目（Fucales）墨角藻科（Fucaceae）。本属藻体线形，叉状分枝。固着器盘状。枝扁平至扁圆，无中肋。气囊或有或无。生殖托生在普通枝上，每个卵囊内有2个卵。

鹿角菜（*Pelvetia siliquosa*）：一般生长在中潮带或高潮带的岩石上，只有二倍体的孢子体世代，无配子体世代。取蜡叶标本观察鹿角菜孢子体的颜色和形态。鹿角菜孢子体软骨质，新鲜时为黄橄榄色，干燥时变黑。基部固着器盘状，茎呈圆柱形，叉状分枝，分枝可达2～8次。注意观察藻体有无气囊，注意观察生殖托的形态。藻体顶端膨大形成长角果形的生殖托，表面显著的结节状突起是生殖窝的开孔。雌雄同株。精子囊和卵囊生长在生殖窝内。鹿角菜可用于医药，中国北方沿海人民常食用。

7. 马尾藻属（*Sargassum*）

马尾藻属属于墨角藻目（Fucales）马尾藻科（Sargassaceae）。本属物种藻体分为固着器、主干和叶。固着器为圆锥状、盘状、瘤状、假盘状、假根状等；主干圆柱状，向两侧或四周辐射分枝；叶扁平或棍棒状。有些物种上部和下部的叶形状不同。

全缘或有锯齿。气囊和生殖托都生在叶腋处。气囊球形、椭球形或管形，能使藻体浮起直立，以接受阳光行光合作用。生殖托纺锤形或圆锥形。马尾藻的生长方式与鹿角菜一样，为顶端生长。因为气囊由皮层细胞加厚、髓部细胞破裂而成，所以气囊中部为空腔。

（1）海蒿子（*Sargassum confusum*）：海蒿子为中国北方常见的物种，藻体因生长地区不同而大小相差甚大，生于中潮带石沼中的藻体成熟时株高一般在30 cm左右，但于低潮带或潮下带生长的藻体高可达1 m以上。生活史只有孢子体世代。取蜡叶标本观察藻体颜色和形态。海蒿子藻体分为固着器、主干和叶。固着器扁平状、盘状或短圆锥形，主干圆柱状，一般单生。主枝自主干两侧钝角或直角的羽状生出，侧枝自主枝的叶腋间生出，幼枝上和主干幼期均生有短小的刺状突起。叶的形状变异很大。初生叶为披针形、倒卵形或倒披针形，叶片革质，全缘；次生叶线形、披针形或羽状分裂。注意观察生殖托和气囊的形态。在丝状小枝的叶腋间生出生殖枝或生殖托，圆柱形，顶端略钝。末枝上有中空的气囊，具短柄，表面有少数显著的毛窝斑点，成熟气囊为球形或亚球形。

（2）鼠尾藻（*sargassum thunbergii*）：生长在中潮带岩石上或石沼中，生活史只有孢子体世代，缺少配子体阶段。取蜡叶标本观察藻体颜色和形态。藻体黑褐色，形似鼠尾，高3～50 cm。藻体分为固着器、主枝、分枝、叶片和气囊。固着器盘状至圆锥状。主干短粗，上长数条主枝。主枝圆柱形，有数条纵走浅沟。轮生短小分枝，叶丝状，短小，全缘或有粗锯齿。气囊小，纺锤形，顶尖，有细柄。注意观察生殖托的形态。生殖托圆柱形，雄托比雌托长。

（3）羊栖菜（*Sargassum fusiforme*）：生于迎浪面低潮带至潮下带的岩礁。藻体呈黄褐色，株高一般为30～50 cm，高的可达200 cm左右，采用生殖细胞人工育苗经养殖后高达380 cm。取蜡叶标本观察藻体颜色和形态。藻体分为固着器、主枝、分枝、叶片和气囊。藻体外形由于南北地理环境的不同，出现较大的差异。北方种群株枝密集，叶、气囊扁宽多锯齿；南方种群株枝稀长，叶、气囊线形或棒状。羊栖菜的生长方式是由顶端细胞进行立体型分裂。随着藻体生长，叶片由下向上逐渐脱落。羊栖菜的生活史中只有孢子体阶段，而无明显的配子体阶段。羊栖菜雌雄异株、异托，生殖托圆柱状，顶端钝，表面光滑，基部具有柄，单条或偶有分枝，精子囊和卵子囊分别位于雄、雌生殖窝内。

8. 喇叭藻属（*Turbinaria*）

喇叭藻属属于墨角藻目（Fucales）马尾藻科（Sargassaceae）。

喇叭藻（*Turbinaria ornata*）：生于低潮带岩石上，生活史只有孢子体世代。取蜡叶标本观察藻体颜色和形态。藻体黄褐色，分为固着器、主枝、分枝、叶片和气囊。

固着器盘状，主枝粗糙，肉质。初生分枝直立，单生或具分枝；藻叶从初生分枝或分枝上长出。叶片呈圆形或三角形，具有明显短刺，形似喇叭状。注意观察其气囊和生殖托的形态。

六、作业及思考

（1）总结褐藻的基本特征，掌握褐藻各属的主要特征。

（2）掌握海带目的典型特征及生殖特点，思考为何该目是褐子纲最为进化的一目。

（3）绘制海带孢子体的横切构造图并标出其主要结构，下课时交。

第三节　大型绿藻的形态特征及代表种类

一、目的要求

（1）了解大型绿藻的外部形态特征和一般生活史特征。
（2）认识常见的大型绿藻代表种类（属）。

二、实验用具及材料

（1）仪器耗材：光学显微镜、瓷盘、镊子、过滤海水。

（2）藻体及标本：刚毛藻属（*Cladophora*）、石莼属（*Ulav*）、松藻属（*Codium*）、仙掌藻属（*Halimeda*）、蕨藻属（*Caulerpa*）、钙扇藻属（*Udotea*）、网球藻属（*Dictyosphaeria*）等不同种类绿藻的新鲜藻体及蜡叶标本。

三、实验方法

取不同种类大型绿藻的新鲜藻体，准备好瓷盘，装入适量的过滤海水，将藻体放入瓷盘用过滤海水清洗，注意海藻藻体的完整性，用镊子小心将藻体展开，观察藻体的颜色和形态；取各类大型绿藻的蜡叶标本进行观察。

四、大型绿藻的形态结构

绿藻门（Chlorophyta）大型藻类在色素组成、细胞壁成分、代谢与储藏物质、光合作用机制等方面与维管植物门（Tracheophyte，高等植物）和轮藻门（Charophyta）具有共同的特征。绿藻门微型藻类居多，大型绿藻主要为石莼纲（Ulvophyceae）的物种种类，其色素包括叶绿素 a（chlorophyll a）、叶绿素 b（chlorophyll b）、α-胡萝卜素（α-carotene）、β-胡萝卜素（β-carotene）、紫黄素（violaxanthin）、新黄素（neoxanthin）等；藻体呈现单列细胞构成的分枝或不分枝丝状体、单层细胞叶状体或分枝叶状体、管状多核体等形态；细胞壁与维管植物（海草和红树植物）细胞壁组分基本相同，主要是由外层的果胶质和内层的纤维质组成；光合作用产物为淀粉；大多数绿藻的色素体内含有 1 个至数个淀粉核。

五、常见属及代表种类

1. 刚毛藻属（*Cladophora*）

刚毛藻属属于刚毛藻目（Cladorhorales）刚毛藻科（Cladophoraceae）。本属物种的藻体为分枝丝状体，基部以长的假根分枝来固着基质，丛生。1 年生或多年生，上部枝每年死亡，但匍匐的假根细胞储藏养料丰富，能继续生活，到第二年生长季节时，这些不规则的细胞再生出直立枝。细胞壁厚，中央含一大液泡，色素体呈网状，紧贴在细胞壁内，含有许多淀粉核。无性生殖时，游孢子梨形，有 4 根鞭毛；有性生殖时，配子的形状与游孢子相同，产生方式也一样，但只具有 2 根鞭毛。刚毛藻属分布很广，淡水、咸淡水、海水中都有不少种。

团刚毛藻（*Cladophora glomerata*）：生长在潮间带的石沼内或岩石上，生活史为同形世代交替。取蜡叶标本观察藻体颜色和形态。藻体鲜绿色，分枝丝状体，直立，少数匍匐；藻体基部细胞延长呈假根状固着器。

2. 礁膜属（*Monostroma*）

礁膜属属于石莼目（Ulvales）礁膜科（Monostromataceae）。本属藻体为 1 层细胞的叶状体，但幼期常中空呈囊状，成长时，由顶端开始分裂而成裂片，最后分裂至基部，分裂后的裂片呈丛生状。礁膜的孢子体无性生殖可以产生具 4 根鞭毛的游孢子；有性生殖时配子体产生具有 2 根鞭毛的配子。生活史为异型世代交替，孢子体比配子体小。

礁膜（*Monostroma nitidum*）：生长在内湾水静处的中、高潮带较隐蔽处的岩石上或具有少量泥沙覆盖的石块上，在我国主要分布于东海浙江、福建、台湾，南海广东和海南岛海域。异形世代交替生活史。配子体大型，藻体膜状，黄绿色或淡绿色，体柔软而光滑，高 2～6 cm。藻体分为固着器和叶状体。固着器盘状；藻体边缘多裂褶，幼体为囊状，时期较短，很快分裂为不规则的膜状。

3. 石莼属（*Ulva*）

石莼属属于石莼目（Ulvales）石莼科（Ulvaceae）。本属物种藻体为多细胞叶状体，单条或有分枝。由 2 层细胞组成，部分物种圆管状中空。基部由营养细胞延伸成假根丝，形成固着器，固着于岩石上。细胞内有 1 个细胞核及 1 个杯状质体，其中含有蛋白核。无性生殖时游孢子具 4 根鞭毛。有性生殖时，由配子体形成配子囊，配子的形成与游孢子相似，但每个配子囊产生 16～32 个配子，成熟的配子由配子囊上突起的小孔逸出。生活史为同型世代交替。本属大多数物种分布于沿海潮间带岩石上。常见的种类有石莼（*Ulva lactuca*）、孔石莼（*Ulva pertusa*）、蛎菜（*Ulva conglobata*）等。

（1）蛎菜（*Ulva conglobata*）：本种为暖温带性种，盛产于中国长江以南的东海和南海沿岸，从浙江省至海南省沿海均有生长。生长在中潮带和高潮带略带细沙的岩石上或小石沿的边缘。同形世代交替生活史。取蜡叶标本观察藻体颜色和形态。藻体匍匐，鲜绿色或墨绿色，膜质。藻体分为固着器和叶状体。固着器盘状；叶状体无柄，直接生于固着器上，自边缘向基部形成许多裂片，裂片相互重叠呈花朵状。

（2）孔石莼（*Ulva pertusa*）：本种为世界性的温带性种，在中国渤海海域和黄海为常见种，全年都有生长。生长在中潮带及低潮带和大干潮潮线附近的岩石上或石沼中，一般在海湾中较繁盛。取蜡叶标本观察藻体颜色和形态。藻体匍匐，大型叶状，单生或 2～3 株丛生，幼体绿色，成体为碧绿色，膜质，株高 10～40 cm。藻体分为固着器、柄和叶状体。固着器盘状并向下分生出假根，切面观具有同心圈的皱纹；叶状体无柄或不明显，直接生于固着器上，但结合部位通常为管状，由 2 层细胞构成，不中空，边缘略有皱缩或稍呈波状。藻体上常有大小不等的圆形或不规则的穿孔。同形世代交替生活史。

（3）浒苔（*Ulva prolifera*）：本种为世界性的温带性种，产于我国的南北各海区，渤海沿岸均有分布，生长在中潮带的石沼中。同形世代交替生活史。取蜡叶标本观察藻体颜色和形态。藻体鲜绿色，为中空分枝管状体；株高 5～100 cm。藻体分为固着器、主枝和分枝。固着器盘状；主枝和分枝均由单层细胞构成中空管状，细胞排列较整齐。主枝明显，多回分枝，不规则；分枝直径小于主枝，分枝基部略缢缩。浒苔可供食用，也可做牲畜、家禽的饲料。

（4）肠浒苔（*Ulva intestinalis*）：本种为温带性种。在中国各海区都有分布，但在北方海区较多。一年四季都能生长，在多烂泥沙滩的石砾上生长得特别繁盛，有淡水流入处也能生长。同形世代交替生活史。取蜡叶标本观察藻体颜色和形态。藻体绿色，中空管状，不分枝或基部有少量分枝，单生或丛生，高 10～30 cm，直径 1～10 mm。常有皱褶或扭曲，上部膨胀扭曲成肠形。

4. 羽藻属（Bryopsis）

羽藻属属于羽藻目（Bryopsidales）羽藻科（Bryopsidaceae）。本属藻体根状枝多年生，直立枝 1 年生或多年生，直立枝上的分枝，有的生 2 排羽状枝，或有的小枝轮生在主轴上。幼体没有羽枝。配子梨形，有 2 根顶生鞭毛。

羽藻（*Bryopsis plumosa*）：异形世代交替生活史，由配子体世代和孢子体世代构成。配子体世代大型，藻体直立，丛生，暗绿色，株高 3～10 cm。藻体分为固着器、主枝和羽状分枝。固着器假根状，多年生；主枝直立，下部光滑无分枝，中上部呈规则的羽状分枝，下部分枝较长，近顶端分枝较短；同一主枝分生出的分枝都位于同一平面上，呈塔形；羽状分枝较细，顶端钝圆，基部明显缢缩。配子体雌雄异株。成熟期，末端最小羽枝直接转化为配子囊。

5. 蕨藻属（*Caulerpa*）

蕨藻属属于羽藻目（Bryopsidales）蕨藻科（Caulerpaceae）。本属藻体都有匍匐茎，由茎向下生出假根，向上生出直立枝。整个藻体为不分隔的管状体，但内部具有横隔片。营养生殖是由藻体通过断裂进行。有性生殖为异配生殖。有性生殖时，多由末枝特别突起产生配子囊，配子梨形，有 2 根顶生鞭毛。

总状蕨藻（*Caulerpa racemosa*）：生于热带海区，我国主要产于广东沿海、海南岛、西沙群岛和南沙群岛海域。二倍体单世代型生活史，无世代交替。取蜡叶标本观察藻体颜色和形态。藻体鲜绿色，藻体有匍匐茎，由茎向下生出假根状固着器，向上生出直立枝，外形很像陆地上的蕨类植物。固着器为须状假根，生于匍匐茎背光侧；匍匐茎上分生出多个直立枝；直立枝上分生出带有柄的囊球，囊球实心。

6. 松藻属（*Codium*）

松藻属属于羽藻目（Bryopsidales）松藻科（coriaceae）。本属藻体呈分枝圆柱状或扁平状，柔软如海绵。内部由无色分枝丝状体交织组成髓部，错综疏松；外部由呈棍棒状囊体紧密排列组成皮层，内部和外部丝状体无隔壁而相通。幼囊体靠近顶端的周围生无色毛,毛脱落后残留痕迹。配子囊由囊体的侧面形成,卵形,基部产生隔膜与囊体隔开。

(1) 刺松藻(*Codium fragile*):生于低潮带或低潮线下的岩石上和泥沙滩的石砾上,在我国主要分布于东海福建,南海广东和香港海域。二倍体单世代型生活史,无世代交替。取蜡叶标本观察藻体颜色和形态。藻体墨绿色,海绵质。藻体为圆柱状分枝体,分为固着器和分枝。固着器盘状;分枝圆柱形,基部生有短的初级分枝,向上呈不规则二叉状分枝,越往上分枝越细密,呈扇形。孢囊圆柱形。成熟期,配子囊生在孢囊的侧面呈突起状。

(2) 长松藻(*Codium cylindricum*):二倍体单世代型生活史,无世代交替。整个藻体由1个分枝很多、管状无隔的多核单细胞组成,为圆柱状分枝体,绿色至黄绿色,海绵质,株高60 cm以上。藻体分为固着器和分枝。固着器盘状;分枝圆柱形,疏叉状二歧分枝,上部渐细长,先端钝圆,分枝的部位呈楔形或宽三角形。孢囊长椭圆形或圆柱形,顶端钝圆。成熟期,配子囊长卵形,生在孢囊的中部侧面。本种生于低潮带或低潮线下的岩石上和泥沙滩的石砾上。主要分布于东海福建,南海广东和香港海域。

7. 我国南海西沙海域的绿藻门大型藻类

采自西沙海域的绿藻门大型海藻主要有仙掌藻属(*Halimeda*)、钙扇藻属(*Udotea*)、网球藻属(*Dictyosphaeria*)等,取其蜡叶标本在显微镜下观察藻体颜色和形态,了解我国西沙海域不同形态的绿藻门大型藻类。

六、作业及思考

(1) 总结大型绿藻的基本特征,掌握其代表种属的主要特征,认识其代表种类。
(2) 分析绿藻与维管植物的异同点。

第四章 综合实习实践

第一节 海洋微藻生长抑制实验

一、目的要求

（1）了解藻类的生长规律，学习藻类培养方法，掌握化学物质对海洋微藻生长抑制的国际标准评价方法（ISO 10253—2016 和 ISO 14442—2006）。

（2）观察藻类在含有化学污染物的水环境中的生长抑制情况，阐明受试化合物的剂量-效应关系与生长抑制特征，计算受试化合物对藻类生长的半抑制浓度（half inhibition concentration, IC_{50}）。

二、实验原理

（1）单细胞藻类个体小、世代时间短，是水体中的初级生产者。短期的化学物质暴露即会对其多个世代及种群水平产生影响。因此，可利用污染物对藻类生长的抑制作用，反映污染物水平对水体中初级生产者的作用情况，评估污染物毒性。

（2）通过将不同浓度的受试物加入处于对数生长期的藻类中，在规定的实验条件［如（72±2）h］下持续培养，每隔（24±2）h测定藻类种群的浓度或生物量，以观察受试物对藻类生长的抑制作用。经方差分析或 t 检验，若处理中藻类生长率显著低于对照组（$p<0.05$），则表明藻类生长受到抑制。

三、实验用具及材料

（1）实验器材：电子天平、灭菌器、无菌操作台、显微镜、pH 计、光照度计、光照震荡培养箱、血球记数板、温度计、孔径 0.2 μm 和 0.45 μm 的滤膜、过滤器、250 mL 锥形瓶和透气塞若干。

（2）受试物：重铬酸钾（potassium dichromate）和二氯苯酚（3,5-dichlorophenol）。

（3）实验藻种：中肋骨条藻（*Skeletonemacostatum*）和三角褐指藻（*Phaeodacty-*

lumtricornutum)。

（4）培养基：合成海水或自然海水（表4-1），储备液1、2和3（表4-2）。

表4-1 合成海水

盐类	盐浓度/（g·L^{-1}）
NaCl	22
$MgCl_2 \cdot 6H_2O$	9.7
Na_2SO_4（anhydrous）	3.7
$CaCl_2$（anhydrous）	1.0
KCl	0.65
$NaHCO_3$	0.20
H_3BO_3	0.023
注：可以用过0.45 μm滤膜去除颗粒物和藻类的自然海水替代	

表4-2 营养储备液

营养元素	储备液浓度	试液终浓度
储液1		
$FeCl_3 \cdot 6H_2O$	48 mg/L	149 μg/L（Fe）
$MnCl_2 \cdot 4H_2O$	144 mg/L	605 μg/L（Mn）
$ZnSO_4 \cdot 7H_2O$	45 mg/L	150 μg/L（Zn）
$CuSO_4 \cdot 5H_2O$	0.157 mg/L	0.6 μg/L（Cu）
$CoCl_2 \cdot 6H_2O$	0.404 mg/L	1.5 μg/L（Co）
H_3BO_3	1140 mg/L	3.0 mg/L（B）
EDTA-Na_2	1000 mg/L	15.0 mg/L
储液2		
Thiamin hydrochloride	50 mg/L	25 μg/L
Biotin	0.01 mg/L	0.005 μg/L
Vitamin B_{12}（cyanocobalamin）	0.10 mg/L	0.05 μg/L
储液3		
K_3PO_4	3.0 g/L	3.0 mg/L；0.438 mg/L（P）
$NaNO_3$	50.0 g/L	50.0 mg/L；8.24 mg/L（N）

续表 4-2

营养元素	储备液浓度	试液终浓度
$Na_2SiO_3 \cdot 5H_2O$	14.9 g/L	14.9 mg/L；1.97 mg/L（Si）

注：（1）配制培养基时可将营养盐类按所需浓度直接加入自然海水或合成海水中，应按顺序逐个加入，待一种盐类完全溶解后再加另一种；

（2）亦可先配制各种营养盐类的储液浓度，储液过 0.2 μm 滤膜灭菌，贮液 1 和 3 亦可通过 120°C 灭菌 15 min，经灭菌后的储备液在 4°C 条件下避光保存；

（3）当需要配制营养基时，将一定量的浓储液摇匀，依次加入自然海水或合成海水中，稀释成试液终浓度即可

四、实验步骤

1. 对数生长期藻种的预培养

分别取 15 mL 储备液 1、0.5 mL 储备液 2 和 1 mL 储备液 3，加入 900 mL 的自然/合成海水中，再用自然/合成海水补充，配制成 1L 培养液，以稀盐酸或 NaOH 溶液调 pH 至 8.0±0.2。

从储备藻液（如中肋骨条藻/三角褐指藻）中取出一定量藻液，接种至新鲜的无菌培养液中，接种密度约为每毫升 $2 \times 10^3 \sim 2 \times 10^4$ 个细胞，在与实验要求相同的条件下进行预培养。要求在 2～3 天内藻类的生长能达到对数生长期，然后再次转移到新鲜的培养液中。如此反复转接培养 2～3 次，当藻类生长健壮并开始处于对数生长期时，即可用来制备实验中所需的藻种。在实验之前需测定细胞密度，用以计算后续实验中的接种量。

2. 受试物试验液的配制

根据初步实验确定产生效应的浓度范围，至少设置 5 个构成对数间距系列的浓度，浓度比不超过 3.2（如 1.0 mg/L、1.8 mg/L、3.2 mg/L、5.6 mg/L 和 10 mg/L）。较佳的浓度范围为：最低测定的浓度必须对藻类生长影响较小（如生长抑制率小于 10%），最高测定浓度对藻类生长的抑制率接近 100%，在 10%～90% 抑制率之间至少有 2 个浓度。

将受试物（如重铬酸钾、二氯苯酚）溶解于培养液中，制成一定浓度的储备液，然后再稀释成测试梯度。每一系列处理组至少各设置 3 个平行样，同时设置仅含培养液和微藻而不含受试物的 6 个平行样对照组。实验前应测定受试液的 pH，必要时用

盐酸或氢氧化钠溶液将 pH 调至 8.0±0.2。

注：①在测定一些环境有颜色或浑浊样品时，可准备只含受试物的一系列浓度梯度的单一试液，不添加微藻，用于细胞密度测定时的背景值测定；②当受试物不易溶解时，可使用助溶剂，但助溶剂在培养液中的浓度不能超过 0.1 mL/L；③当使用污染水样进行测试时，可参照表 4-3 进行浓度稀释梯度。

表 4-3 浓度稀释梯度和对照组的试液配制

稀释梯度		接种量/mL	受试液/mL	海水/mL	10×浓缩培养液/mL	终体积/mL
1 in 1	1	10	80	—	10	100
1 in 2	2	10	50	30	10	100
1 in 3	3	10	33.33	46.67	10	100
1 in 4	4	10	25	55	10	100
1 in 5	5	10	20	60	10	100
1 in 8	8	10	12.5	67.5	10	100
1 in 12	12	10	8.33	71.67	10	100
1 in 16	16	10	6.25	73.75	10	100
1 in 24	24	10	4.17	75.83	10	100
1 in 32	32	10	3.125	76.875	10	100
对照		10	—	80	10	100

注：10×浓缩培养液：取 135 mL 贮液 1、2.5 mL 贮液 2 和 9 mL 贮液 3，分别加入 700 mL 的自然或合成海水，配制成 1 L 的 10×浓缩培养液，再用盐酸或 NaOH 溶液，调 pH 为 8.0±0.2

3. 藻类接种及培养

将步骤 1 中的藻种接种于步骤 2 中准备的各对照组和处理组中，确保各组中的细胞密度、营养元素及样品量均一致。可根据实验需要选择容量不同的实验容器，125 mL 锥形瓶中测试液的体积为 40~60 mL；250 mL 锥形瓶中测试液体积为 70~100 mL；500 mL 锥形瓶中测试液的体积为 100~150 mL。接种的初始藻密度应不超过每毫升 10^4 个细胞，以确保在整个实验过程中，对照组中的藻种一直处于对数生长期或者是细胞密度至少增加了 64 倍，pH 波动不超过 1 个单位。由于中肋骨条藻细胞体积大，生长快，因此建议其接种密度可低一些（3~5 倍），且注意计算其长链的影响。

为隔绝空气污染，降低水分挥发，培养容器用透气塞封闭，但不能太紧以允许

CO_2 透过 (对挥发性化学物质采用磨口玻璃瓶塞完全封闭)。将各瓶摇动混匀后,放入光照震荡培养箱中培养,(20 ± 2) ℃下白色荧光灯均匀光照,平均光量子通量密度应为 $60 \sim 120$ μmol/m²·s。使用照度计在 $400 \sim 700$ nm 光合有效波长范围内测定入射的光量子数。为使藻种自由悬浮、CO_2 气液交换和降低 pH 波动,培养液需保持持续的机械震荡[(100 ± 10) 次/分]。

注:①不同类型的测定方法,特别是使用不同类型的光照度计,会影响测得的光密度值;②可通过使用 $4 \sim 7$ 个 30 W 的白色荧光灯泡在 0.35 m 处照射获得上述指定的光密度范围;③亦可使用光照度计测定 $6000 \sim 10000$ lx 范围内的光密度亦可。

4. 藻细胞计数及有效准则

生长抑制实验至少需持续 (72 ± 2) h,每隔 (24 ± 2) h 可取小部分培养液,测定包括空白组和各处理组中的藻细胞密度,记录于表 4-4 中。实验结束后,再测定各组中的 pH。

表 4-4 实验记录表格

时间/h	藻类平均生长率	对照	浓度1	浓度2	浓度3	浓度4	浓度5
24							
48							
72							

实验结果应满足如下条件:①实验开始后的 3 d 内,对照组中藻细胞密度至少应增加 16 倍,对应于比生长速率为 $0.9\ d^{-1}$(不同藻种在一定条件下的生长率差异较大,不同实验室间的实验结果表明这两种藻的生长率普遍大于 $1.0\ d^{-1}$);②对照组中藻种比生长速率的变异系数应不高于 7%;③实验周期内对照组 pH 波动应不大于 1.0(pH 波动对实验结果具有显著影响,因而设定为其波动在 ±1.0 范围以内,实验过程中可通过持续震荡尽可能地降低 pH 波动)。

五、数据处理

将不同浓度实验培养液和对照培养液的藻细胞密度与测试时间绘制成生长曲线图,再以下列方法确定浓度效应关系。

可通过对时间和对数平均细胞密度作图,计算回归直线的斜率,即为生长率(μ),也可使用下式计算平均比生长率(μ):

$$\mu = \frac{\ln N_L - \ln N_0}{t_L - t_0} \tag{1}$$

式中：t_0——实验起始时间；

t_L——实验终了时间或对照组中对数生长期的最后一次测定时间；

N_0——起始藻类细胞密度；

N_L——在 t_L 时的最终细胞密度。

计算对照组中的生长率平均值（$\bar{\mu}_C$），再通过下式计算第 i 个处理组中的生长抑制率（$I_{\mu i}$）：

$$I_{\mu i} = \frac{\bar{\mu}_c - \mu_i}{\bar{\mu}_c} \times 100\% \tag{2}$$

式中：μ_i 为第 i 个处理组的生长率；$\bar{\mu}_C$ 为对照组中的平均生长率。

通过对不同浓度组中藻类生长抑制率（$I_{\mu i}$）与对数浓度作图，可直接从图上读出 IC_{50}，再标明测定时间，如 24 h IC_{50}。也可求出回归关系式，再算出 IC_{50}。表 4-5 是供参考的实验结果。

表 4-5 供参考的实验结果

受试藻种	受试物	IC_{50}平均值 /(mg·L^{-1})	标准偏差 /(mg·L^{-1})	变异系数/%
中肋骨条藻	重铬酸钾	2.5	1.1	44
	二氯苯酚	1.6	0.3	18
三角褐指藻	重铬酸钾	20.1	5.3	26
	二氯苯酚	2.7	0.2	8.6

六、实验报告及思考

（1）试分析干扰藻类 IC_{50} 测定的因素及注意事项有哪些。

（2）将实验过程及数据结果整理成实验报告，应包括如下信息：参考的国际标准 ISO 10253—2016 和 ISO 14442—2006、受试物和藻种信息、实验参数和实验结果等。

第二节 海藻生物活性物质的提取和测定

一、目的要求

（1）掌握海藻样品预处理的操作方法。
（2）了解海藻碳水化合物、蛋白质、脂溶性色素和脂肪酸的提取原理，掌握其提取的操作方法。
（3）掌握应用分光光度法测定海藻可溶性糖类、可溶性蛋白的操作方法。
（4）了解高效液相色谱和气相色谱-质谱分析技术的分离原理；掌握应用高效液相色谱法分析测定藻类样品中叶绿素及类胡萝卜素含量的操作方法；掌握应用气相色谱-质谱法分析测定藻类样品中脂肪酸组成及含量的操作方法。

二、实验用具及材料

（1）海藻干燥样本或冻干藻粉。
（2）电热鼓风干燥箱、电子天平、研钵及研磨棒、电热恒温水槽、高速台式离心机、紫外可见光分光光度计、高效液相色谱仪、气相色谱-质谱联用仪。

三、海藻碳水化合物提取和测定

1. 实验原理

碳水化合物是海洋藻类的光合作用产物，海洋藻类含有许多不同类型的碳水化合物，可通过沸水浸提的方法获得，并利用苯酚-浓硫酸法显色法进行含量测定。

2. 实验步骤

碳水化合物提取及测定采用苯酚法（Dubois et al., 1956），具体步骤如下：
（1）9% 苯酚溶液的配制：称量 9 g 苯酚，加纯水溶解并定容至 100 mL，该溶液需现配现用。
（2）取适量蔗糖于 80 ℃下烘干至恒重，准确称取 1 g 蔗糖，加少量水溶解，转移至 100 mL 容量瓶中，并加入 0.5 mL 浓硫酸，用蒸馏水定容即配制成 10 g/L 蔗糖标准溶液。取 10 g/L 蔗糖标准液 1 mL，加水定容至 100 mL，即配制成 0.1 mg/mL 蔗糖标准液。

（3）绘制标准曲线：往试管中分别加入 0 mL、0.2 mL、0.4 mL、0.6 mL、0.8 mL 和 1.0 mL 蔗糖标准液（0.1 mg/mL），用水定容至 2 mL。依次加入 1 mL 9% 苯酚溶液，摇匀后，从液面正中在 5～20 s 时间内加入 5 mL 浓硫酸，充分混匀后室温静置显色 30 min，以不含蔗糖标准液的对照组进行空白调零，测定 OD_{485}。以糖含量（0.1 mg）为横坐标，光密度为纵坐标绘制标准曲线。

（4）海藻碳水化合物提取：称取 0.01 g 冻干藻粉至 15 mL 离心管中，加 10 mL 纯水，100 ℃ 沸水浴 30 min。稍冷却后 8500 r/min 室温离心 5 min，取上清液至 25 mL 带刻度比色管中，并在沉淀中再加 10 mL 纯水，100 ℃ 沸水浴 30 min 进行二次提取。稍冷却后 8500 r/min 室温离心 5 min，转移上清液至 25 mL 带刻度比色管中，将两次提取液总体积定容至 25 mL。

（5）海藻碳水化合物的测定：取 0.5 mL 上述提取液，加入 1.5 mL 纯水，并按上述碳水化合物标准曲线样品处理方法依次加入 1 mL 9% 苯酚溶液和 5 mL 浓硫酸，混匀后室温静置显色 30 min，以不含蔗糖标准液的对照组进行空白调零，测定 OD_{485}，根据上述标准曲线计算海藻碳水化合物含量。

3. 注意事项

实验前提前打开水浴锅，调好温度；注意从液面正中加入浓硫酸；使用强酸和强碱时注意安全，避免皮肤接触。

四、海洋藻类蛋白质提取和测定

1. 实验原理

海洋藻类蛋白质含量丰富。天然藻类蛋白可用作食品如乳制品、保健制品（片剂、胶囊、粉末）或用于提取生物活性成分。

Bradford 分光光度法测定蛋白含量要比 Lowry 方法简单迅速，是测定蛋白含量的首选方法。此定量方法是利用考马斯亮蓝 G-250 与蛋白质结合的特性。考马斯亮蓝 G-250 与蛋白质结合后，溶液呈蓝色，在波长 595 nm 处有较高的吸收值，而且在一定的范围内与蛋白质的含量呈线性关系。此方法的优点是考马斯亮蓝 G-250 与蛋白质结合的时间短（大约为 2 min），且结合的考马斯亮蓝 G-250 – 蛋白质复合物在溶液中可维持 1 h 左右。

2. 实验步骤

蛋白质含量测定采用考马斯亮蓝法（Bradford，1976），具体步骤如下：

（1）称取 0.1 g 考马斯亮蓝 G-250 溶解在 5 mL 95% 乙醇溶液中，加入 10 mL 85%（质量浓度）磷酸溶液，定容至 1 L，配制成 0.1 g/L 的考马斯亮蓝染色液，现配现用。

（2）配制 1 mg/mL 牛血清白蛋白 BSA 标准液，现配现用。

（3）绘制标准曲线：在各试管中依次加入 9.8 mL G-250 染色剂、BSA 标准液（0.02 mL、0.04 mL、0.06 mL、0.08 mL、0.1 mL）、0.1 mL 0.5 mol/L NaOH 溶液和水至总反应体积为 10 mL，振荡混匀，反应 5 min，测定 OD_{595}，以蛋白浓度为横坐标，光密度为纵坐标绘制标准曲线。

（4）样品中蛋白质的提取：称取 0.01 g 干藻粉于 10 mL 离心管中，加 0.5 mol/L NaOH 溶液 2 mL，20 min 超声混匀；揭开离心管盖，用铁架固定，置于 95 ℃ 水浴锅内预热 10 s（水淹没管内液面），盖上管盖，水浴 15 min；水浴好后，8500 r/min 室温离心 5 min，取上清液，上清液即为蛋白提取液。

（5）样品中蛋白质含量的测定：取 0.1 mL 蛋白提取液，加 0.1 mL 去离子水，9.8 mL G-250 溶液，振荡混匀反应 5 min，测定 OD_{595}。

3. 注意事项

用分光光度法进行测定，所有样品应于 20 min 内测定完毕。

五、海洋藻类色素提取及高效液相色谱（HPLC）分析

1. 实验原理

海洋藻类的色素分为叶绿素、藻胆蛋白及类胡萝卜素。藻胆蛋白只存在于蓝细菌门、红藻门和隐藻门的种类中。海藻类胡萝卜素是一类脂溶性的萜类化合物，呈现红色、橙色或黄色等颜色。海藻类胡萝卜素不仅是一类重要的天然色素，还是具有促进健康作用的重要生物活性物质，如 β-胡萝卜素、虾青素（astaxanthin）、岩藻黄素（fucoxanthin）、叶黄素（lutein）、玉米黄质（zeaxanthin）、角黄质（canthaxanthin）等。类胡萝卜素通常不溶于水，但可溶于有机溶剂。类胡萝卜素的吸收光谱主要在蓝紫光区（400~500 nm）。大部分的类胡萝卜素有 C_{40} 的骨架，由 2 个六碳环在两端中间以碳链连接组成，是由 8 个异戊二烯（C_5）单体组成的类异戊二烯多烯。

海藻细胞破碎后，细胞中的各种色素在不同溶剂中具有不同的溶解度（应选好

溶剂）。对于脂溶性的海藻色素，一般采用甲醇或者丙酮等有机溶剂进行萃取。色素提取液采用高效液相色谱法（high performance liquid chromatography，HPLC）进行检测。

高效液相色谱法以液体作为流动相，通过加压泵使流动相能稳定通过装填具有高效分离能力的微粒（粒径通常为 5 μm）固定相。当样品溶液随流动相经过色谱柱时，由于色谱柱对不同物质的吸附能力不同，因此，样品混合物在流动相洗脱过程中能够获得有效分离，再利用检测器，即实现对各组分分别量化。根据固定相与流动相之间相对极性的差别，一般将色谱柱分为正相色谱及反相色谱。正相色谱的固定相是极性的，而流动相是相对弱极性的，在分离过程中极性最小的组分通常最先洗出。反相色谱的固定相是非极性的，流动相是相对极性的，通常为水、甲醇、乙腈等（根据需要有时也会添加非极性溶剂），在分离过程中极性强的组分一般先洗出。高效液相色谱装置一般包括高压输液系统（主要包括高压泵、脱气机和贮液器等）、进样系统（六通阀）、分离系统（色谱柱）、检测系统（紫外可见光检测器、二极管阵列检测器、荧光检测器和质谱检测器等）。

2. 实验步骤

（1）藻类色素提取：称取 10 mg 干藻粉置于研钵中，缓慢加入液氮并研磨藻粉，在液氮将要完全挥发时加速用力研磨藻粉。向研钵中加入甲醇或丙酮提取液，将藻粉碎屑和提取液一同吸取至离心管中，置于超声波水浴中，超声 15 min，离心，取上清液待测。剩余藻粉碎屑加入提取液，放入超声波水浴中，超声 15 min，离心，取上清液待测。可重复此步骤直至藻粉碎屑无色。收集所有溶解有色素的甲醇或丙酮提取液，用氮气吹干后收集固体色素再定容，−20 ℃保存待测。以上操作应尽量避光进行。

（2）藻类色素分离检测：使用 Primaide 型色谱仪，PM1410 检测器，检测波长为 450 nm，日立 LaChrom C18 色谱柱（5 μm；4.6 mm×250 mm）。柱温为 25 ℃，流动相由溶液 A 和溶液 B 组成。溶液 A：$V_{甲醇}/V_{水}=80/20$；溶液 B：$V_{甲醇}/V_{二氯甲烷}=75/25$。二元梯度洗脱程序见表 4−6。流动相流量为 1.0 mL/min，进样量为 20 μL。

表 4−6　梯度洗脱程序

时间/min	溶液 A/%	溶液 B/%
0～5	50	50
6～15	10～50	50～90
16～25	10	90
26～30	10～50	50～90

（3）藻类色素定量分析：配制不同浓度的色素标准品溶液，根据浓度和峰面积绘制各色素的标准曲线。将样品色素各组分的光谱图和保留时间与色素标准品的光谱图和保留时间进行比较，从而确定样品色素的组分，并利用外标法，根据色素的标准曲线来计算样品色素的含量。

3. 注意事项

研磨藻粉和加入溶剂提取时，应避免藻粉和提取液外泄，避免皮肤接触液氮。使用有机溶剂时，注意防火。色谱进样分析前应了解 HPLC 仪器操作流程和注意事项，密切关注流动相剩余量，及时更换废液缸。

六、海洋藻类脂肪酸提取及气相色谱－质谱（GC-MS）分析

1. 实验原理

海洋藻类脂肪酸主要包括饱和脂肪酸（SFA）、单不饱和脂肪酸（MUFA）和多不饱和脂肪酸（PUFA）。二十二碳六烯酸（DHA）是长链多不饱和脂肪酸，有利于胎儿、婴幼儿大脑发育，一些富含 DHA 的藻类可作为婴幼儿食品的营养强化剂；一些海藻种类，如微拟球藻（*Nannochloropsis sp.*）、巴夫藻（*Pavlova lutheri*）和三角褐指藻（*Phaeodactylumtricornutum*）等在生长过程中会积聚大量 PUFA。另外，生长条件的改变也会导致藻类脂肪酸含量的变化。为了适应生长限制胁迫条件（包括光照强度、温度、盐度、营养、pH 和紫外线辐射等），藻类总脂质和脂肪酸分布变化剧烈。

利用气相色谱－质谱（GC-MS）技术测定藻类脂肪酸，即利用气相色谱对样品中脂肪酸组分进行高效分离，再利用质谱对分离出的各个脂肪酸组分逐一进行鉴定，从而达到同时完成待测样品中脂肪酸的分离和鉴定的目的的检测技术，目前已成为分离和鉴定藻类脂肪酸的常用手段之一。气相色谱法是利用气体作为流动相，利用待测样品中各成分与色谱柱中的相分配系数不同、作用力差异使待测样品各组分彼此分离，主要用于易挥发、低沸点的物质的定性定量测试，具有高效、高分辨率、高灵敏度、快速等优点；质谱法是测量待测样品离子的质荷比（m/e），通过数据库检索或物质质谱的特征峰来确定分子结构，具有灵敏度高、结果分析简单等优点。在实际测试过程中，选用合适的前处理方法对待测样品进行前处理，可以提高测试灵敏度、精准度。

2. 实验步骤

(1) 标准品配制。

(2) 藻类脂肪酸的提取，即甲酯化：称取 10 mg 冻干藻粉于 25 mL 带盖玻璃比色管中，依次加入 2 mL 甲醇（含 1% 的浓硫酸）、1 mL 甲苯和 0.8 mL 浓度为 1 g/L 的 C_{17} 脂肪酸标准品溶液，轻轻振荡比色管。将比色管置于 50 ℃ 下水浴 12 h，取出后在室温下静置冷却。往其中加入 5 mL 饱和 NaCl 溶液，轻轻振荡比色管。待溶液静置分层后添加 5 mL 正己烷反复萃取 2 次，转移至新的比色管中，定容并使用 0.22 μm 滤膜过滤后进行 GC-MS 分析。

(3) 上机检测：脂肪酸含量分离及测定使用气相色谱–质谱联用仪（Agilent Technologies 7890A – 5975C 型），配备 Varian CP7419 毛细管色谱柱（0.25 μm；50 m × 0.25 mm）。GC-MS 条件：进样量为 1 μL；载气为高纯氦气，流速为 1.0 mL/min；进样口/检测器温度为 250 ℃；离子源为 EI 源；全扫描模式。

GC-MS 程序升温程序见表 4 – 7。

表 4 – 7　GC-MS 程序升温

步骤	升温速率/℃·min^{-1}	恒定温度/℃	保持时间/min
1	—	50	1
2	5	80	0
3	10	175	0
4	5	240	5

脂肪酸甲酯（FAMEs）色谱峰的鉴定使用谱库（版本号为 NIST11.L）进行自动检索。对经鉴定的脂肪酸甲酯组分的色谱峰进行自动积分，利用面积归一法确定各脂肪酸甲酯的相对百分比。采用内标法对各脂肪酸进行定量分析，即通过各脂肪酸峰面积与 C_{17} 内标峰面积的比值计算含量，具体见式（3）。

$$总脂肪酸含量 = \frac{0.8 \text{ mg} \times 总脂肪酸峰面积}{藻粉质量/g \times C_{17} 峰面积} \tag{3}$$

3. 注意事项

使用有机溶剂时，注意安全，避免误服有机溶剂，避免皮肤接触；色谱进样分析前应了解 GC-MS 仪器操作流程和注意事项。

七、作业及思考

（1）提取并测定海藻样品的碳水化合物、蛋白质、脂溶性色素和脂肪酸。

（2）查阅文献资料，结合海藻样品的液相色谱图，分析影响各组分出峰时间和出峰顺序的主要原因。

（3）查阅文献资料，结合海藻样品的气相色谱图，分析影响各组分出峰时间和出峰顺序的主要原因。

第三节　海洋浮游植物生态调查

一、目的要求

（1）海洋浮游植物是海洋生态系统中的初级生产者，对其群落结构进行调查是海洋调查规范（GB/T 12763.6—2007）和海洋监测规范（GB 17378.7—2007）中的重要内容。

（2）学习并掌握海洋浮游植物调查的常规方法，查清所调查海区生物的种类组成、数量分布规律。

（3）掌握所监测海域，尤其是赤潮频发区的浮游植物（特别是赤潮种）的动态及其与环境的关系。

二、实验用具及材料

1）采样设备：卡盖式采水器或颠倒采水器、浅水Ⅲ型浮游生物网、网口流量计、多参数水质分析仪（温度计、pH 计、盐度计、溶氧测量仪等）、网底管、量角器、闭锁器、沉锤、标本瓶（500 mL 和 1000 mL）、船上设备（绞车及钢丝绳、吊杆）、冲水设备（水泵、水管、水桶和吸水球等）、0.45 μm 微孔滤膜、抽滤装置等。

2）试剂：固定液（鲁哥氏液和缓冲甲醛溶液）、碳酸镁悬浮液。

（1）鲁哥氏液：100 g 碘化钾溶于 1 L 超纯水，加入 50 g 碘使其溶解，再加入 100 mL 冰醋酸。

（2）缓冲甲醛溶液：商用甲醛（体积分数约为 40%）加入同量超纯水，1 L 约

20% 的甲醛溶液加 100 g 六次甲基四胺。

3）室内分析仪器：水采和网采样品、蠕动泵、硅胶管、50 mL 的定量瓶、0.1 mL 吸量管、吸管、载玻片、盖玻片、浮游生物计数框、浮游生物分类计数器、测微尺、显微镜。

三、样品采集

1. 水样采集

（1）使用颠倒采水器或卡盖式采水器采水。入水前检查采水器的球盖是否打开，出水嘴是否关闭。

（2）准确放至预定水层，按要求取样、处理。本次实验采集水面下 50 cm 水层水样 1000 mL。

（3）采得水样后立即加入鲁哥氏液固定，每升水加 6～8 mL 鲁哥氏液，根据样品的实际浓度可做适当增减。泥沙多时沉淀后再取水样。

（4）另外，采集水面下 50 cm 水层水样 500 mL，用于分析叶绿素 a 含量。将水样经 0.45 μm 微孔滤膜过滤。开始过滤海水时，加几滴碳酸镁悬浮液于海水中，以防止滤膜变酸性。将带有样品的滤膜对折，用一张普通滤纸垫着，用另一张滤纸紧固以便保存。置于 0～4 ℃下保存，带回实验室待分析。

2. 垂直拖网采样

（1）每次下网前应检查网具是否破损，发现破损应及时修补或更换网衣；检查网底管和流量计是否处于正常状态，并把流量计拨至指针指零；放网入水，当网口贴近水面时，需调整计数器指针于零的位置；网口入水后，下网速度一般不能超过 1 m/s，以钢丝绳保持紧直为准；当网具接近海底时，绞车应减速，当沉锤着底，钢丝绳出现松弛时，应立即停车，记下绳长。

（2）网具到达海底后可立即起网，速度保持在 0.5 m/s 左右；网口未露出水面前不可停车；网口离开水面时应减速并及时停车，谨防网具碰刮船底或卡环碰撞滑轮，使钢丝绳绞断，网具掉落。

（3）将网升至适当高度，用冲水设备自上而下反复冲洗网衣外表面（切勿使冲洗的海水进入网口），使黏附于网上的标本集中于网底管内；将网收入甲板，开启网底管活门，把标本装入标本瓶，再关闭网底管活门，用洗耳球吸水冲洗筛绢套，反复多次，直至残留标本全部收入标本瓶中。

（4）按样本体积的 5% 加入甲醛溶液进行固定。若需要对样品进行电镜观察分析，则选用戊二醛固定，根据样品浓度可加入样品体积的 2%～5%。

3. 分层拖网采样

（1）分层采集，应在网具上装置闭锁器，按规定层次逐一采样。

（2）下网前应使网具、闭锁器、钢丝绳、拦腰绳等处于正常采样状态，下网时按垂直拖网方法。

（3）网具降至预定采样水层下界时应立即起网，速度如垂直拖网；当网将达采样水层上界时，应减慢速度（避免停车，以防样品外溢），提前打下使锤（提前量为每 10 m 水深约 1 m）；当钢丝绳出现瞬间松弛或振动时，说明网已关闭（记录此时的绳长），可适当加快起网速度直至网具露出水面；之后，将闭锁状态的网具恢复成采样状态。

（4）严格起网、落网速度，拖网时准确判断网具达到预定水层。本次实验采用表层拖网，拖网时间为 15 min 即可，同时记录航速，以备计算过水量。注意工作状态是否正常，遇异常情况应立即采取有效措施。

（5）起网后按垂直拖网法认真冲洗网具，收集和固定样品，特别是黏附在网衣和网底管套筛绢上的生物样品。

4. 水质理化参数测定和样品编号

（1）采样时测定温度、pH、盐度、溶氧量等水质参数。
（2）随时记录气象和环境参数及采样情况。
（3）注意随时在记录表上记录好采样信息（表 4-8）。

表 4-8 海洋植物采样记录

站号		水深/m		海区		调查船	
实测站位		纬度与经度					
调查时间							
采集项目	瓶号	绳长/m	倾角/（°）		流量计		备注
			开始	终了	号码	转数	
表层拖网							
垂直拖网							
分层拖网	层						
	层						
	层						
海况							
		采样者		记录者		校对者	

（4）各类样品须有总编号。总编号由代表采样海区、采样方式、使用网型、采样年份和样品序号等内容的字母或代号依次组成。

（5）每份贮存样品的瓶外须贴有总编号的外标签，瓶内须放有总编号、站号和采样日期等内容的内标签，以备查对，避免错误。

5．注意事项

（1）所有样品应装入牢固的标本箱内进行搬运。
（2）用过的网具和仪器需要用淡水冲洗，晾干后收藏。
（3）遇倾角超过 45°时，应加重沉锤重新采样。
（4）遇网口刮船底或海底，应重新采样。

四、浮游植物组成及数量分析

1．浮游植物分类鉴定

（1）样品鉴定在有条件情况下采用活体与固定样品相结合，网采与水采样品相结合的方法，尽可能获取水体中浮游生物群落的真实信息。

（2）定量计数一般以水采样品为准，水柱的定量计数以网采样品为准，网采样品可作为种类组成分析的补充和某些个体大于拖网筛绢孔径的种类的定量计数。

2．水采样品预处理——浓缩法

（1）采集的 1000 mL 水样在瓶内沉淀 24 h 后再进行处理。

（2）在蠕动泵的作用下，用硅胶管小心抽出上面不含藻类的"清液"。浓缩时切不可搅动底部，万一搅动了应重新静止沉淀。为不使漂浮水面的某些微小生物等进入虹吸管内，管口应始终低于水面，流速流量不可过大，吸至"清液"的 1/3 时，应控制流速，使其成滴缓慢流下为宜。

（3）剩下 20～30 mL 沉淀物转入 50 mL 的定量瓶中；再用上述虹吸出来的"清液"少许冲洗 3 次沉淀器，冲洗液转入定量瓶中。注意：浓缩的体积视浮游植物的多少而定。浓缩的标准是以每个视野里有十几个藻类为宜。

（4）凡以碘液固定的水样，瓶塞要拧紧。还要加入 2%～4% 的甲醛，以利于长期保存。

3. 计数方法

（1）视样品中浮游植物数量多少，浓缩或稀释至适当体积，将浓缩沉淀后的水样充分摇匀后，立即用 0.1 mL 吸量管直立于样品中，准确地一次吸出 0.1 mL 样品，注入 0.1 mL 计数框内（计数框的表面积最好是 20×20 mm^2），小心盖上盖玻片（22×22 mm^2），在盖盖玻片时，要求计数框内没有气泡，样品不溢出计数框。

（2）然后在 10×40 或 16×40 倍显微镜下计数。

（3）计数时可按表 4-9 的格式记录，然后再进行整理计算，填入藻类计数记录表（表 4-10）。

表 4-9　藻类计数表格

视野数	种类	第一片	第二片	备注
正	小环藻	正正	正正	
正	圆筛藻	正	正正	
正正	角藻	正	正	

表 4-10　藻类细胞数量统计

标本标号：	站号：	层次：　　m
调查时间：　　年　　月　　日		
浓缩体积：　　mL		计数体积：　　mL
计数时间：　　年　　月　　日		水量：　　mL

种名	数量/个	小计/个	个/L	备注

硅藻/种：	数量/个：
甲藻/种：	数量/个：
其他/种：	总量/个：

采样者：　　　记录者：　　　校对者：　　　审核者：

（4）每瓶标本计数 2 片，取其平均值，每片计算 50～100 个视野。视野数可按浮游植物的多少而酌情增减，如当平均每个视野为 1～2 个时，要数 200 个视野以上；当平均每个视野有 5～6 个时，要数 100 个视野；当平均每个视野有十几个时，数 50 个视野就可以了。

（5）同一样品的 2 片计算结果和平均数之差如不大于其均数的 ±15%，其均数视为有效结果，否则还必须测第 3 片，直至 3 片平均数与相近两数之差不超过均数的 15% 为止，这两个相近值的平均数，即可视为计算结果。

4．计数注意事项

（1）计算时一般以种为单位分别计数。优势种、常见种、赤潮生物种应力求鉴定到种。注意：本次实验要求鉴别到属，注意不要把浮游植物当作杂质而漏计。

（2）在计数过程中，常碰到某些个体一部分在视野中，另一部分在视野外，这时可规定出现在视野上半圈者计数，出现在下半圈者不计数。数量最好用细胞数表示，对不宜用细胞数表示的群体或丝状体，可求出其平均细胞数。

（3）凡遇到失去色素的浮游植物细胞和细胞不到一半的残体均不计数。未完成细胞分裂者作为一个细胞计数。

（4）胶质团大群体和浮游蓝藻类等不易计数的种类，可用数量等级符号（＋＋＋、＋＋、＋）表示。

（5）对进入浮游生物中的底栖种类，均按细胞计数，并将它们作为单项列入浮游植物总量中。

（6）填表时，应特别注意不同计数方法的水样量、浓缩量（或稀释量）、计数面积或计数量，并进行必要的换算。

五、群落组成及结构分析

1．种类丰度计算

1 L 水中的藻类数量（N）可用下式计算：

$$N = \frac{C_s}{F_s \times F_n} \times \frac{V}{U} \times P_n \tag{4}$$

式中：C_s——计数框体积，mm^2，一般为 400 mm^2；

F_s——每个视野的面积，mm^2，视野半径 r 可用台微尺测出（一定倍数下）；

F_n——计数过的视野数；

V——1 L 水样经沉淀浓缩后的体积，mL；

U——计数框体积，mL，一般为 0.1 mL；

P_n——计数出的藻类个数。

如果计数框、显微镜固定不变，F_n、V、U 也固定不变，那么公式中的 $\dfrac{C_s}{F_s \times F_n} \times \dfrac{V}{U}$ 可视为常数，此常数用 K 表示，于是上述公式可简化为：

$$N = K \times P_n \tag{5}$$

若 F_n 代表某种藻类的个数，计算结果 N 只表示 1 L 水中这种藻类的数量；若 F_n 代表各种藻类的总数，则计算结果 N 表示 1 L 水中藻类总数。

2. 优势种评价

分析群落优势种丰度及其优势度（D）评价，用百分比表示：

$$D_i = \dfrac{n_i}{N} \times 100\% \tag{6}$$

式中：D_i——第 i 种的百分比优势度；
　　　n_i——该站位第 i 种的数量；
　　　N——该站位群落中所有种的数量，单位可用个体数、密度、重量等表示。

3. 物种多样性评价

采用 Shannon 指数评价物种多样性，计算公式如下：

$$H' = -\sum_{i=1}^{s} P_i \log_2 P_i \tag{7}$$

式中：H'——种类多样性指数；
　　　P_i——群落第 i 种的数量或质量占样品总数量之比值；
　　　s——群落中的物种数。

数量可采用个体数、密度表示；质量可用湿重或干重表示。可通过表 4-11 评估海域污染程度。

表 4-11　生物多样性指数（H'）与海域污染程度的关系

H'	3～4	2～3	1～2	<1
水质评价	清洁区域	轻度污染	中度污染	严重污染
注：赤潮发生时生物的多样性指数通常在 0～1 之间，是严重富营养化的表现				

4. 群落均匀度评价

采用 Pielou 均匀度指数评价，计算公式如下：

$$J' = \frac{H'}{\log_2 s} \tag{8}$$

式中：J'——均匀度指数；

H'——群落实测的物种多样性指数；

s——群落中的物种数。

六、调查报告及思考

（1）海上作业特别强调纪律，以组为单位，每组采集一系列样品，按要求使用实验器材，并妥善保管；实验室内的分析组内协作，要求每位同学务必参与每项内容的操作。

（2）总结并撰写海上浮游植物群落调查报告，需列出藻类组成及密度、优势种属密度及生物量、群落结构分析等。

第四节　海草场生态综合考察

一、目的要求

（1）了解海草场在生态系统中的作用；了解我国主要海草场分布点，掌握海草场生态调查的方法和意义。

（2）了解海草的基本形态与构造；掌握我国海草的主要类群和优势种。

（3）获得本次综合考察海区的海草分布状况、经纬度数据；对考察海区的海草群落指标进行分析，包括海草种类组成、茎节密度、盖度、生物量、叶茎比值、株冠高度、繁殖（花、果数量）。其中，生物量部分包括地上部分湿重、地下部分湿重、地上部分干重和地下部分干重。

二、器材与设备

手持 GPS 定位仪、电子天平、恒温干燥箱、数码照相机、样方框、10 cm 直尺、塑料袋、塑料瓶、塑料桶、镊子、托盘、记号笔、出海常用设备等。

三、综合考察内容

（1）地理位置、分布情况：利用 GPS 定位仪确定海草场的地理位置、经纬度、分布状况。

（2）利用光照计测量水体的透光和海草场的水深，并利用水下摄像机和照相机记录海草场及其生境情况。

（3）海草场监测：根据海草的种类分布、海底地形、沿岸环境及水文情况，在每个监控区域布设监测站位 2~3 个，每个站位在海草场垂直于海岸带方向设置 2~6 个监测断面，每个断面设置 1~3 个样方。断面数量和样方数量根据海草分布区域面积而定。如果海草面积较大，可增设断面和样方数量；如果海草面积很小，可酌情减少断面和样方数。断面和样方均在最低潮位以上，多位于低潮带。利用 50 cm × 50 cm 的样方框对样方范围内海草的种类、盖度、密度及生物量进行取样，调查分析方法按《海草床生态监测技术规程》（HY/T 083—2005）、《海洋生物生态调查技术规程》（HY/T 085—2005）及《我国近海海洋综合调查与评价专项技术规程》进行，采样时将样方框内所有海草叶片、茎及根部收入样品袋内，编号带回实验室。对不同种类的海草植株数量进行统计，计算单位面积密度，将其表面附着物与泥沙等沉积物洗涮干净，在 60~70 ℃恒温条件下持续 48~36 h 进行烘干称重，计算单位面积海草生物量（单位：g/m^2）。

（4）海草种类鉴定：将上述调查地点采集的不同种类样品 3~5 株装入封口袋标记后带回实验室鉴定。种类鉴别参照《中国植物志》进行。

四、我国海草场的分布

海草场（seagrass meadow）指以海草为优势种的群落，即大面积的连片海草。由于海草光合作用需要足够的光线，因此，海草场的分布局限在 6~20 m 比较浅的海水中，最深可分布在水下 90 m 处。

我国海草场目前总面积约为 8765.1 hm^2，其中，海南、广东和广西分别占 64%、11% 和 10%。广东省湛江市流沙湾海区的海草场面积达 900 hm^2，是我国目前已发现的面积最大的一个海草场。广东湛江东陵岛、广东阳江海陵岛、广西北海铁山港、广西防城港市珍珠湾、海南陵水黎安港、海南文昌高隆湾、山东荣成市天鹅湖、辽宁长海县樟子岛、台湾东沙岛，以及福建、香港等地的海区，也有大面积海草场分布。

海草场具有捕获和稳定沉积物、改善水质等作用，为许多动物种类提供重要的栖息地和隐蔽保护场所，具有重要的生态功能和经济价值。人类对近海海域频繁的干扰活动会引起海草的区域性死亡，导致海草场面积锐减。进行海草场综合生态调查是进行海草保护与修复的基础。对海草生长状况的监测还能评估当地海草场生态系统及其相邻生态系统的健康状况。

五、代表性的海草种类

海草种类极其稀少，全世界共发现海草6科13属72种，在中国确定有分布的海草种类为22种，常见的有鳗草属（*Zostera*）、喜盐草属（*Halophila*）、海菖蒲属（*Enhalus*）、丝粉藻属（*Cymodocea*）、二药藻属（*Halodule*）、泰来藻属（*Thalassia*）、川蔓藻属（*Ruppia*）等的种类。其中，广东、广西的海草场主要优势种为喜盐草（*Halophila ovalis*），在海南和台湾广泛分布的为泰来藻（*Thalassia hemprichii*），山东和辽宁则主要为大叶藻（*Zostera marina*）。

（1）喜盐草（*Halophila ovalis*）：我国热带海域分布最为广泛的物种。直立茎不明显，根状茎匍匐，细长，易折断；节间长 1～5 cm，直径约 1 mm，每节生细根 1 条。叶片对生，薄膜状，淡绿色，有褐色斑纹，透明，长椭圆形或椭圆形，长 1～4 cm，宽 0.5～2.0 cm。花单性，雌雄异株。蒴果，肉质，近球形，直径 3～4 mm。种子多数，近球形，直径小于 1 mm；种皮具疣状突起和网状纹饰。

（2）泰来藻（*Thalassia hemprichii*）：粗壮分枝的不定根，生于根状茎的节上。根状茎横走，圆柱形，有明显的节和节间，节间长 4～7 mm，节上长出直立茎。叶带状，略呈镰刀状弯曲，互生，全缘，长 6～40 mm，宽 4～11 mm，平行脉 10～17 条，叶基部具膜质叶鞘，叶鞘常残留于直立茎上形成密集环纹。花单性，雌雄异株。蒴果，球形，淡绿色，具长 1～2 mm 的喙，由顶端裂成 8～20 个果瓣，果瓣外卷，厚 1～2 mm。种子多数，着生于侧膜胎座上。自然分布于海南、广东及台湾沿海泥沙质海湾。

（3）海菖蒲（*Enhalus acoroides*）：须根粗壮，长 10～20 mm，直径 3～5 mm，无直立茎。根状茎匍匐，直径约 1.5 mm，节密集，外包有许多粗纤维状的残留叶鞘。叶片带状，生于根状茎的顶端，椭圆形或线形，对生，全缘，顶端钝圆，基部具膜质叶鞘。雌雄异株；雄花多数，微小，包藏在 1 个近无梗、由 2 个苞片构成的扁压佛焰苞内，苞中肋有粗毛，开花前紧闭合，成熟后雄花逸出而浮于水面开放；萼片 3 个，白色，长圆形，顶端圆钝，边缘反卷；花瓣 3 个，白色，略宽于萼片；雄蕊 3 个，白色，长 1.5～2 mm；花粉粒圆形；雌花佛焰苞梗长可达 50 mm，结果时螺旋卷曲；苞片 2 个，长 4～6 mm，宽 1～2 mm，中肋隆起，具明显粗毛，内有雌花 1 朵；萼片淡红色，花瓣白色，长条形，强烈折叠，受粉后伸展开，表面有蜡质，有乳头状凸起；花柱 6 个，子房扁椭圆形，被长毛。蒴果，肉质，椭圆形，果皮有密集直立的二叉状附属物，不规则开裂。种子少数，具棱角。花期 5 月。自然分布于海南沿海泥沙质海湾。

(4) 圆叶丝粉草（*Cymodocea rotundata*）：根状茎匍匐，较纤细，单轴分枝，节间生有 1~3 条略粗而不规则分枝的根和 1 条短缩的直立茎。直立茎端簇生叶片 2~5 个，线形，略呈镰刀状，全缘，叶尖呈钝圆形或截形，有时两侧边缘稍有极细齿。花单性，雌雄异株；花单生于叶腋，无花被；果实半圆形或半椭圆形，侧扁，无柄；外果皮骨质，具 3 条平行的背脊，中脊具 6~8 条明显的尖突齿，有时腹脊也具有 3~4 条尖突齿；顶喙略偏斜。自然分布于海南、广东及台湾沿海泥沙质海湾。

(5) 单脉二药草（*Halodule uninervis*）：根状茎匍匐，单轴分支，须根 1~6 条。直立茎短，基部常被残存叶鞘包围。叶互生。花小，单性，雌雄异株，无花被。坚果，椭球形，略扁，喙顶生，不开裂。种子 1 个，直接萌发。

(6) 针叶藻（*Syringodium isoetifolium*）：根状茎纤细，匍匐，单轴分支，每节生须根 1~3 条，分枝或不分枝。直立茎短，节间显著短缩。叶 2~3 个互生，常生于短缩直立茎的上部；叶片针形。花单性，雌雄异株。果实斜椭圆形，具喙，长约 2 mm。自然分布于海南、广东、广西及台湾沿海泥沙质海湾。

六、调查报告及思考

（1）总结各类海草的基本特征，认识海草的代表种类。

（2）记录各调查数据，计算相应的考察指标，对调查样地的各类海草种类及其丰度进行汇总，查阅文献，对考察海区的海草生态现状进行分析探讨，撰写调查报告。

第五节 红树林生态综合考察

一、目的要求

（1）红树林是一种特殊的生态类型，具丰富的生物多样性，而其中的红树植物是最主要的初级生产者和建群者，为了解红树林生态系统中红树植物与环境和其他生物之间的依存关系，有必要对红树林生态保护区进行考察。

（2）经过对实习地的实地观察，了解红树植物的一些共同特征，理解红树植物适应潮间带环境生活的生理机制，认识常见的代表性红树植物及其分科地位，认识各类红树植物的根、茎、叶、花和果实的特征。

二、考察地点介绍

1. 广东省

广东沿海红树林分布面积最大,占全国红树林面积的 57.3%,红树植物种类也较多,目前调查发现广东省共分布有红树植物 14 科 20 属 26 种,其中真红树植物 7 科 10 属 14 种(图 4-1)。广东红树林大部分分布在珠江口西面至粤西沿海,红树林组成种类越往北越显单一。广东省红树植物的优势种为白骨壤、桐花树、秋茄、红海榄和木榄,各自均有纯林。其中,白骨壤纯林较多,其次为桐花树,其他以混生群落居多。

珠海市淇澳红树林保护区原有许多成片的天然红树林,由于过去的大量围垦和近 20 年来的城市建设,这一宝贵资源不断消失。截止到 1999 年,能幸存的只有淇澳岛大围湾面积仅为 32.2 hm^2 的天然红树林,是全国少有的紧靠大城市的海上森林之一。有鉴于此,珠海淇澳岛红树林自然保护区与中国林科院热带林业研究所红树林课题组合作,从 1999 年开始陆续从海南岛引进无瓣海桑、海桑、木榄、红海榄等,极大地丰富了淇澳岛红树林物种多样性。在滩涂前沿通过种植无瓣海桑、海桑 2 个速生树种,以生物演替的方法成功地控制了互花米草在该岛的进一步蔓延,使淇澳岛的互花米草面积由 1999 年的 260 hm^2 下降到 2007 年的 2 hm^2,而红树林面积则从 32.2 hm^2 增加到 678 hm^2。淇澳红树林保护区约有 30 种红树植物,其中真红树植物主要有秋茄、桐花树、老鼠簕、木榄等;半红树植物主要有黄槿、海杧果、银叶树等。

图 4-1 广东省和海南岛内具代表性的红树林生态系统

深圳福田红树林生态公园位于深圳福田区广深高速公路以南，东临新洲河，南面为深圳湾，西部与福田国家级自然保护区紧密相连，北挨沙嘴村，与香港米埔自然保护区一水相隔，最近距离仅为 300 m。保护区占地面积约为 38 hm^2，是深圳湾湿地的重要组成部分，该区域原属边防管制区。福田红树林自然保护区自然生长植物有海漆、木榄、秋茄等树种。这里也是国家级的鸟类保护区，是东半球候鸟迁徙的栖息地和中途歇脚点。据统计，这里的鸟类最多时曾有 180 种，其中的 20 多种属于国际、国内重点保护的珍稀品种。每年有白琴鹭、黑嘴鸥、小青脚鹬等 189 种、10 万余只候鸟南迁于此歇脚或过冬。保护区内除红树林植物群落外，还有其他 55 种植物，千姿百态。

广东湛江红树林国家级保护区位于中国大陆最南端，1990 年建立，总面积为 19000 hm^2，保护着整个雷州半岛海岸的红树林湿地。在全世界红树林面积以年 0.7% 递减背景下，湛江红树林面积逐年增长。目前湛江红树林面积为 9958.13 hm^2。保护区真红树和半红树植物共 15 科 22 种，是中国大陆海岸红树林种类最多的地区。其中，分布最广、数量最多的为白骨壤、桐花树、秋茄、红海榄和木榄。主要森林植被群落有白骨壤、桐花树、秋茄、红海榄和木榄纯林群落和白骨壤–桐花树、桐花树–秋茄、桐花树–红海榄等混生群落。

2. 海南岛

海南岛是我国红树植物的分布中心，几乎所有种类的红树植物在海南岛都有分布，目前调查发现海南省分布有红树植物 22 科 28 属 44 种，其中，真红树植物 12 科 15 属 29 种。海南红树林主要分布在海口市美兰区东寨港、文昌清澜港、三亚市三亚河及青梅港自然保护区，东方黑脸琵鹭省级自然保护区、儋州洋浦港及新盈红树林市级保护区、临高新盈红树林森林公园，及红牌港、马枭、澄迈花场湾沿岸及东水港沿岸。海南岛典型红树林群系有白骨壤、红海榄、海莲及海桑群系等，白骨壤群系的分布最广、面积最大，是海南常见的先锋群系之一，红海榄群系次之，海莲及海桑群系的分布面积也较大。海南省西南部沿海多为砂岸及岩岸，岸线较平直，红树林分布较少，且组成种类也较单纯；东部沿海海岸曲折，海湾多且滩涂面积大，地处迎风面，雨量多，高温湿润，红树林分布广，种类多，结构复杂。

海南东寨港国家级自然保护区地处海南东北部，周边与文昌市的罗豆农场和海口市的三江农场、三江镇、演丰镇交界，是以保护红树林为主的北热带边缘河口港湾和海岸滩涂生态系统及越冬鸟类栖息地的重要自然保护区。保护区总面积为 3337.6 hm^2，其中，红树林面积为 1578.2 hm^2，滩涂面积为 1759.4 hm^2，属湿地类型的自然保护区。东寨港自然保护区是我国建立的第一个红树林自然保护区，也是迄今为止我国红树林自然保护区中红树林资源最多，树种最丰富的自然保护区，是我国首批列入

《国际重要湿地名录》的 7 个湿地保护区之一。保护区内的红树林被誉为"海上森林公园",且具有世界地质奇观的"海底村庄"。红树植物有 19 科 35 种,其中,真红树植物 11 科 23 种,半红树植物 9 科 12 种,占全国红树林植物种类的 97%,当中的海南海桑、水椰、卵叶海桑、拟海桑、木果楝、正红树、尖叶卤蕨、瓶花木、玉蕊、杨叶肖槿和银叶树等 11 种为中国红树林珍稀濒危植物。

三、实地调查方法

1. 了解红树林生态系统中的主要群落类型

(1) 单优群落:桐花树群落、木榄群落、白骨壤群落、海莲群落、角果木群落、红海榄群落、秋茄群落、海漆群落、红海榄群落、水椰群落、卤蕨群落、海桑群落和榄李群落等。

(2) 混合群落:红海榄-角果木群落、角果木-桐花群落、海桑-秋茄群落、白骨壤-桐花树群落等。

2. 分清真红树植物、半红树植物和红树伴生植物

真红树植物是在热带或亚热带地区的海岸潮间带滩涂上生长的木本植物。

半红树植物既能生长在海岸潮间带,有时可成为优势种,也能在陆地非盐渍土生长的两栖木本植物。

红树林伴生植物是偶尔出现于红树林中或林缘,但不成为优势种的木本植物,以及出现于红树林下的附生植物、藤本植物及草本植物等。

3. 观察各类红树植物的植株、根、茎、叶、花和果实的形态并拍照

(1) 植物性状:多为木本植物,分为乔木和灌木。

(2) 根和茎:发达或不发达的呼吸根、板状根或支柱根等。

(3) 叶片的形态:典型的叶由叶片、叶柄和托叶组成。叶子分类按叶片与叶柄的数目关系分为单叶与复叶,按叶着生的位置分为对生、互生和簇生等,其他的还可按整叶、叶脉、叶尖、叶基和叶缘的形状或特征来分。

(4) 花及花序:典型的花长在一个有限生长的短轴(花梗)上,着生花托、花萼、花冠和产生生殖细胞的雄蕊(花药和花丝)与雌蕊(柱头、花柱和子房)等几部分。通常依照花序上花朵开放的顺序而分为两大类,即无限花序和有限花序。无限花序有总状花序、伞形花序、穗状花序、头状花序和伞房花序等,有限花序有二歧聚伞花序等。

上述花序都是单一的花序。有些植物的花序由 2 种花序组成，如木果楝的花序是由许多聚伞花序再组成的圆锥花序，阔苞菊的花序是由头状花序在枝顶组成的伞房花序。

（5）胚轴、果实：显胎生或隐胎生胚轴。果实是种子植物所特有的一个繁殖器官。它是由花经过传粉、受精后，雌蕊的子房或子房以外与其相连的某些部分，迅速生长发育而成。子房壁发育为果皮，并分为外果皮、中果皮、内果皮 3 层。有核果、蒴果、瘦果、荚果、坚果和浆果等果实类型。

注意：小心一些有毒的植物，如海杧果、海漆等，尽量避免触碰到植物的汁液和果实。

四、代表性红树植物

1. 真红树植物

（1）红海榄（*Rhizophora stylosa*）：红树科红树属。常绿乔木或灌木，高达 8～10 m，支柱根发达。单叶对生，椭圆形或矩圆状椭圆形，叶背有明显黑褐色腺点。总花梗从当年生的叶腋长出，与叶柄等长或稍长，花 2 朵至多朵；花具短梗，基部有合生的小苞片。胚轴圆柱形，长 30～40 cm，表面有疣状突起。生长于红树林的中内缘，属演替中后期树种。

（2）角果木（*Ceriops tagal*）：红树科角果木属。常绿灌木或乔木，高 2～5 m，有膝状呼吸根。单叶对生，倒卵形至倒卵状矩圆形。花小，白色，顶端有 2 枚或 3 枚微小的棒状附属体。果实圆锥状卵形，胚轴长 15～30 cm，有纵棱与疣状突起。多见于潮间带中上部，有时可分布于只有特大潮才淹及的高潮带上缘，常成纯林。

（3）木榄（*Bruguiera gymnorhiza*）：红树科木榄属。常绿乔木，高达 30 m（国内最高达 12 m）。膝状呼吸根发达，有时具支柱根和板根。单叶对生，椭圆状矩圆形，叶柄具有蜡质层，托叶淡红色。花单生叶腋，有花梗。显胎生胚轴，长 15～25 cm，雪茄状，端部钝。属演替后期树种，多分布于红树林内缘高潮线附近。

（4）秋茄（*Kandelia obovata*）：红树科秋茄属。常绿灌木或小乔木，最高可达 8～10 m，有不甚发达的板根或支柱根。单叶对生，椭圆形、矩圆状椭圆形或近倒卵形。二歧聚伞花序腋生，花白色。胚轴细长，长 12～20 cm。分布广，属演替前中期树种，多分布于群落外缘。是最耐寒的红树植物。

（5）海桑（*Sonneratia caseolaris*）：海桑科（千屈菜科）海桑属。乔木，高可达 6 m；小枝通常下垂，有隆起的节，叶形状变异大，阔椭圆形至倒卵形，顶端钝尖或圆形，中脉在两面稍凸起，侧脉纤细，叶柄极短。花具短而粗壮的梗；萼筒浅杯状，果期碟形，裂片平展，内面绿色或黄白色，比萼筒长，花瓣条状披针形，暗红色，花丝粉红色，或上部白色下部红色，柱头头状。冬季开花，春夏季结果。分布于热带亚

洲东南部海岸、澳大利亚北部和西太平洋所罗门群岛，我国仅天然分布于海南的文昌、琼海、万宁等地。20 世纪 80 年代引种到东寨港，目前已在广东沿海滩涂成功种植。是海桑属植物中耐盐能力最低的种类。分布于有淡水输入的河沟两侧，沿河可以上溯至潮汐影响的上界。

（6）无瓣海桑（*Sonneratia apetala*）：海桑科（千屈菜科）海桑属。乔木，高可达 20 m，树干圆柱形，有笋状呼吸根伸出水面；茎干灰色，小枝纤细下垂，有隆起的节。叶对生，厚革质，椭圆形至长椭圆形，叶柄淡绿色至粉红色。总状花序，花蕾卵形，花萼三角形，绿色，花丝白色。浆果球形，种子"V"字形。中国广东无瓣海桑 5～6 月开花，10～11 月果熟。天然分布于印度南部孟加拉国和斯里兰卡等地。1985 年从孟加拉国引种，又名孟加拉海桑，海南、广东、广西、福建等地均有引种。无瓣海桑较耐低温，在福建厦门，2 年生植株能够开花结果；耐水淹，能够在中低潮滩涂正常生长，对土壤适应性强，土壤质地由粉壤到黏土；也是生长速度最快的红树植物种类，年高生长可达 4 m。对红树林保护区而言，无瓣海桑的快速生长特性表现为极强的入侵性，应引起高度重视和警惕。

（7）白骨壤/海榄雌（*Avicennia marina*）：马鞭草科海榄雌属。常绿灌木或小乔木，高达 10 m，具发达的指状呼吸根，也常出现气生根和支柱根。单叶对生，革质，卵形或卵圆形，全缘，叶片上下表面均有盐腺。花小，黄色或橙红色。隐胎生，蒴果近扁球形。果实成熟期为 8～11 月。是中国分布面积最大的红树植物种类，也是耐盐和耐淹水能力最强的红树植物，对土壤适应性广，在淤泥、半泥沙质和沙质海滩均可出现，属演替先锋树种。多分布于红树林外缘，也可以在内滩出现。

（8）桐花树（*Aegiceras corniculatum*）：紫金牛科（报春花科）蜡烛果属。常绿灌木或小乔木，高达 5 m。单叶互生，于枝条顶端近对生，革质，倒卵形至椭圆形，全缘。是泌盐红树植物，叶上表面有盐腺。伞形花序顶生，花白色。蒴果圆柱形，弯曲如新月，顶渐尖，长 5～10 cm。隐胎生，胚轴发育过程中始终未突破果皮，成熟脱落后随水漂浮一段时间，胚轴胀破果皮后失去漂浮能力。果实成熟期为 8～12 月。常出现于红树林外缘，属演替的中前期树种。对盐度适应性较强，在内滩、中滩、海湾港汊、淡水河入海口的淤泥质和砂质盐土及海水倒灌的淡水河两岸均有分布，尤以有淡水输入的河口、海湾分布较多。

（9）老鼠簕（*Acanthus ilicifolius*）：爵床科老鼠簕属。常绿亚灌木，高达 2 m，有支柱根。单叶对生，革质，叶形变化极大，叶龄、生境含盐量、光照等都会影响叶片形状，多为长圆形至长圆状披针形，先端急尖，边缘具 4～5 回羽状浅裂或全缘。穗状花序顶生，花白色，长 2.5 cm 以上，有 2 枚卵形小苞片。蒴果长圆形，种子扁平，圆肾形，淡黄色。生长于红树林内缘、潮沟两侧，有时也组成小面积的纯林。

（10）木果楝（*Xylocarpus granatum*）：楝科木果楝属。常绿小乔木，高达 8 m，有不甚发达的板根或蛇形表面根。一回羽状复叶互生，小叶呈圆形至倒卵状长圆形，通常4枚，对生，近革质。聚伞花序再组成圆锥花序，聚伞花序有花1～3朵，花白色。蒴果球形具柄；种子有棱，外种皮纤维质，质轻，种子借此随水流传播。花果期全年。我国仅分布于海南岛东海岸的文昌至三亚一带，混生于浅水海滩的红树林中。

（11）海漆（*Excoecaria agalloch*）：大戟科海漆属。半常绿或落叶乔木，高达15 m，全身具白色乳汁（有毒），具发达的表面根。单叶互生，近革质，椭圆形或阔椭圆形，全缘或有不明显的疏细齿，叶柄基部有2个小腺体。花单性，雌雄异株，聚集成腋生、单生或双生的总状花序，无花瓣。蒴果球形，种子黑色，球形。花果期1～9月。多散生于高潮带以上的红树林内缘，在不受潮汐影响的地段也有分布。

（12）红榄李（*Lumnitzera littorea*）：使君子科榄李属。常绿乔木，高达25 m，有细长的呼吸根，单叶互生，革质，倒卵形。总状花序顶生，花红色。果纺锤形，黑褐色，果柄长5 mm。纤维质果皮质轻，果实借此随水流传播。5月开花，6～8月结果，果熟期10月。红树林的偶见树种，我国仅在海南陵水和三亚有天然分布，东寨港有引种。

（13）卤蕨（*Acrostichum aureum*）：卤蕨科卤蕨属。多年生草本植物，高达2 m。根状茎直立，顶端密被褐棕色的阔披针形鳞片。奇数一回羽状复叶簇生，厚革质，羽片数可达30对。孢子囊布满能育羽片背面，无盖。生于海岸边泥滩或河岸边，具较高的观赏价值。卤蕨作为园艺物种栽培具有较大的发展潜力。

2. 半红树植物

（1）银叶树（*Heritiera litoralis*）：梧桐科（锦葵科）银叶树属。常绿大乔木，高达25 m，有发达的板根。单叶互生，革质，全缘，矩圆状披针形、椭圆形或卵形，叶背密被银白色鳞秕，银叶树由此得名。圆锥花序腋生，花小，红褐色，无花瓣。坚果木质，近椭圆形，背部有龙骨状突起；中果皮有厚的木栓状纤维层，外种皮与内果皮间有孔隙，果实能借此随水流传播。花期春夏季，果期秋冬季。分布于少受潮汐浸淹的树林内缘，也可以在完全不受潮汐影响的地段生长。该种为热带海岸红树林的树种之一。木材坚硬，为建筑、造船和制家具的良材。

（2）黄槿（*Hibiscus tiliaceus*）：锦葵科木槿属。常绿灌木或乔木，高达10 m。单叶互生，革质，近圆形至广卵形，全缘或具不明显细圆齿，叶背密被灰白色星状柔毛，主脉上有长圆形腺体。花序顶生或腋生，常数花排列成聚伞花序；花黄色，中心暗紫色。蒴果卵圆形，木质；种子光滑，肾形。常作行道树栽培。生境多样，海岸沙地、泥沙地及淤泥质滩涂均能够生长。常在红树林内、林缘、堤岸及不受潮汐影响的高地出现。

（3）苦郎树/许树/苦蓝盘（*Clerodendrum inerme*）：马鞭草科大青属。攀缘状灌木，高可达2 m。根、茎、叶有苦味，单叶对生，革质，卵形、椭圆形或椭圆状披针形、卵状披针形，全缘。聚伞花序腋生，通常由3朵花组成，花白色。核果倒卵形。

生境多样，海岸沙地、红树林内、红树林内缘、海堤、鱼塘堤岸等均可见其踪迹。

（4）草海桐（*Scaevola taccada*）：草海桐科草海桐属。草本或灌木。单叶互生，很少对生，无托叶。花两性，左右对称，单生或排成总状花序至圆锥花序；萼管与子房合生，很少分离，花萼5裂；花冠合瓣，一边分裂至基部，裂片5枚；雄蕊5枚，花药分离；子房下位，很少半下位，1～2（～4）室，每室有胚珠1颗至多颗；花柱单生或3裂，柱头顶部扩大成一杯状体。果为一蒴果，有时为核果或坚果。种子小而扁，胚直，胚乳丰富。草海桐不仅具有较高的观赏价值，还对防风固沙、恢复退化的热带海岛生态系统具有重要的作用，是热带海岛植物的优势树种之一。

（5）玉蕊（*Barringtonia racemosa*）：玉蕊科玉蕊属。常绿小乔木，高达10 m。单叶互生，纸质，倒卵形至倒卵状椭圆形或倒卵状矩圆形，丛生枝顶。总状花序顶生，下垂，长达60 cm；花瓣浅红色，具多数白色或粉红色的花丝。果实卵圆形，中果皮纤维质，质轻，果实借此随水流传播。花期夏秋季。生长于受潮汐影响的河流两岸或有淡水输入的红树林内缘，也可以在完全不受潮汐影响的陆地生长。

（6）水黄皮（*Pongamia pinnata*）：豆科水黄皮属。落叶乔木，高8～15 m。羽状复叶互生，小叶2～3对，近革质，卵形，阔椭圆形至长椭圆形。总状花序腋生，花白色或粉红色。荚果表面有不甚明显的小疣凸，顶端有微弯曲的短喙，不裂开，种子肾形。花期5～6月，果期8～10月。生于溪边、塘边及海边潮汐能到达的红树林内缘，沿海地区可作堤岸护林和行道树。

（7）海杧果（*Cerbera manghas*）：夹竹桃科海杧果属。常绿小乔木，高4～8 m；全株具丰富乳汁。单叶互生，厚纸质，倒卵状长圆形或倒卵状披针形。聚伞花序顶生，花白色。核果阔卵形或球形，未成熟时绿色，成熟时橙红色，具疏松而质轻的纤维质中果质中果皮，果实借此随水流传播。全株有毒，果实有剧毒，少量可致死，烤后毒性更大。误食引起恶心、呕吐、腹泻、手脚麻木、全身冷汗、心跳弱慢，最后呼吸困难，直至死亡。生于高潮线以上地区，是优良的海岸防护林树种。

（8）阔苞菊（*Puchea indica*）：菊科阔苞菊属。常绿灌木，高2～3 m。单叶互生，近无柄，倒卵形或阔倒卵形，边缘具锯齿。头状花序在枝顶组成伞房花序。瘦果圆柱形，有4条棱，花期全年。生于海滨沙地或近潮水的空旷地。

五、调查报告及思考

（1）总结各类真红树和半红树植物的基本特征，理解红树植物适应潮间带生活的生理机制特点。

（2）对调查样地的各类真红树和半红树植物种类及其丰度进行汇总，提交典型红树植物的植株、根、茎、叶、花和果实等形态的照片，并对其进行描述，形成一份调查报告。

第五章　海洋植物图谱

第一节　海洋微型藻类

图版说明

标本来源：标本主要来源于 2010—2020 年在珠江河口及近岸海域使用浅水 III 型浮游生物网拖网采集的样本，部分藻种来源于红树林底泥中的底栖硅藻和实验室的纯培养藻种。

标尺：如无特殊说明，图中标尺均代表 10 μm。此外，由于部分图片为手机或相机拍摄，故未能注明标尺。

藻种鉴定：感谢中山大学生命科学学院林里副教授在藻种鉴定方面给予的部分指导。由于微藻的种类鉴定需要结合超显微结构和多角度观察，部分藻种的鉴定未能到种。由于作者水平有限，部分藻种的鉴定可能有错漏之处，敬请广大读者给予指正。

图片说明：本章节图谱共有 208 张图片，其中包含中心硅藻类（88 张）、羽纹硅藻类（64 张）、甲藻及其他微型藻类（56 张）三大部分。选用的图片主要来源于任课教师在实验教学和科研过程中所拍摄的照片，其中杨丽华提供图片 123 张（含中山大学海洋科学学院历届本科生和硕士生所拍摄），李俊提供图片 63 张，中山大学生命科学学院的林里副教授提供图片 22 张。编者还将在未来的工作中不断补充新的藻种图片。

中心硅藻类—图版 I

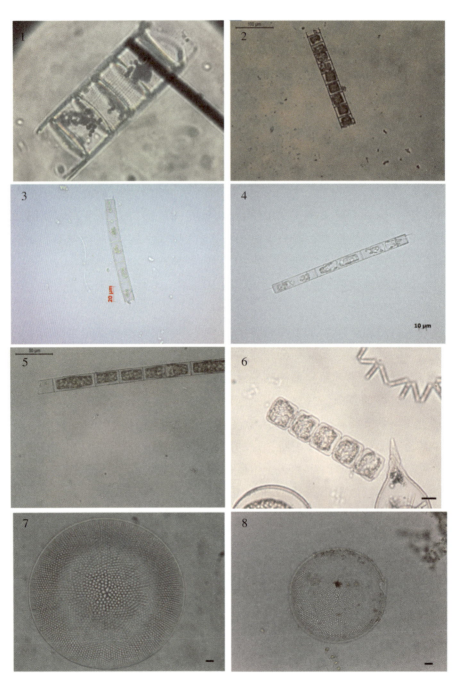

1～2—颗粒直链藻（*Melosira granulata*）；3～5—颗粒直链藻极狭变种（*Melosira granulate var. angustissima*）；6—变异直链藻（*Melosira varians*）；7～8—中心圆筛藻（*Coscinodiscus centralis*）。

中心硅藻类—图版 Ⅱ

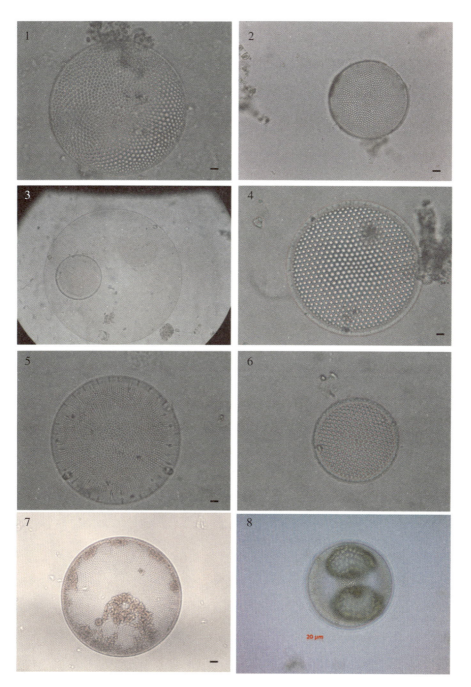

1—星脐圆筛藻（Coscinodiscus asteromphalus）；2—虹彩圆筛藻（Coscinodiscus oculusiridis）；3—琼氏圆筛藻（Coscinodiscus jonesianus）；4～8—圆筛藻（Coscinodiscus sp.）。

中心硅藻类—图版Ⅲ

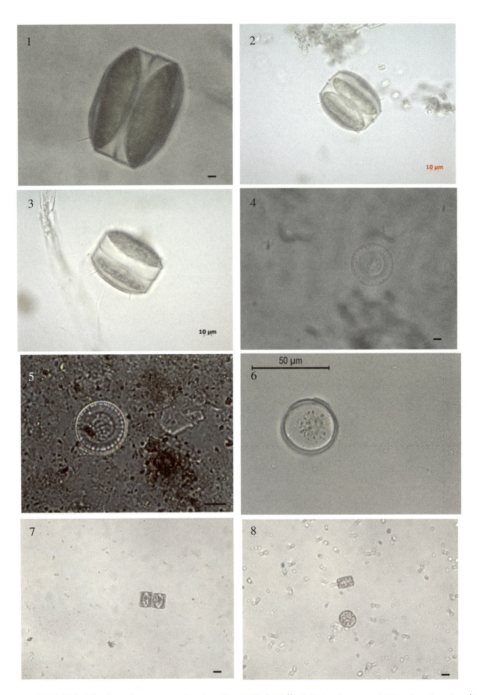

1～3—星冠盘藻（*Stephanodiscus astraea*）；4～5—孟氏小环藻（*Cyclotella meneghiniana*）；6～8—小环藻（*Cyclotella* sp.）。

中心硅藻类—图版 Ⅳ

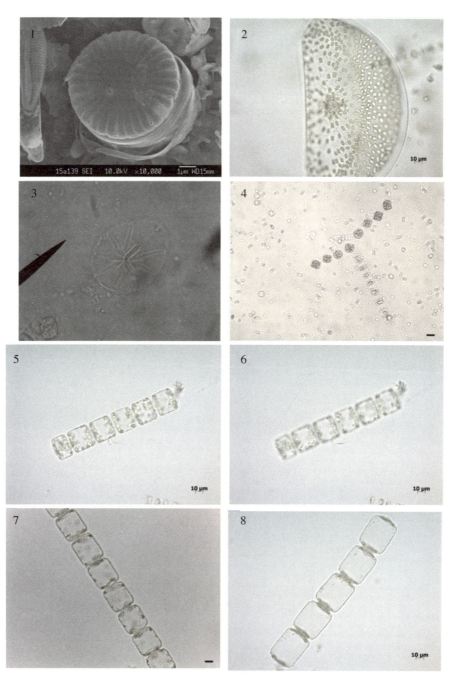

1—孟氏小环藻（*Cyclotella meneghiniana*）；2—哈氏半盘藻（*Hemidiscus hardmannianus*）；3—粗星脐藻（*Asteromphalus rubustus*）；4—诺氏海链藻（*Thalassiosira nordenskioldi*）；5～6—海链藻（*Thalassiosira* sp.）；7～8—环纹娄氏藻（*Lauderia annulata*）。

中心硅藻类—图版 V

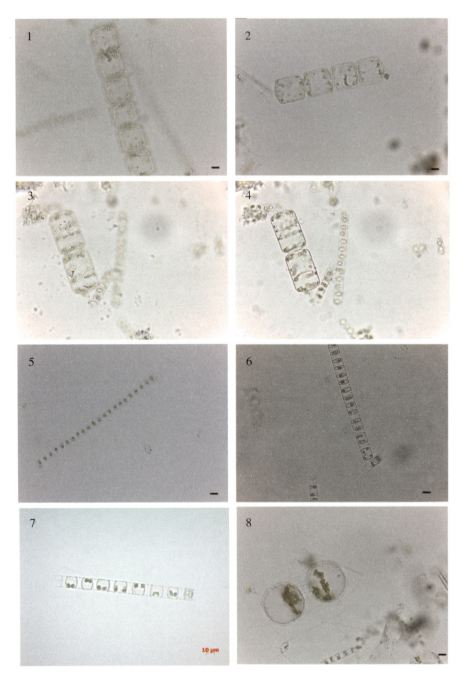

1~4—环纹娄氏藻（*Lauderia annulata*）；5~7—中肋骨条藻（*Skeletonema costatum*）；8—掌状冠盖藻（*Stephanopyxis palmeriana*）。

中心硅藻类—图版Ⅵ

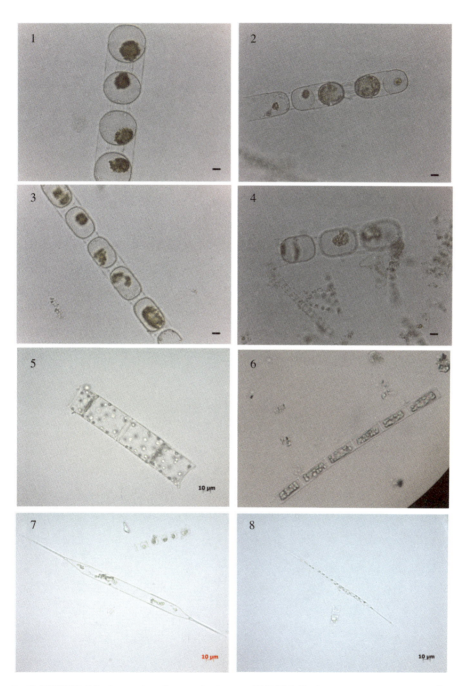

1~2—掌状冠盖藻（*Stephanopyxis palmeriana*）；3~4—塔状冠盖藻（*Stephanopyxis turris*）；5—薄壁几内亚藻（*Guinardia flaccida*）；6—丹麦细柱藻（*Leptocylindrus danicus*）；7~8—刚毛根管藻（*Rhizosolenia setigera*）。

中心硅藻类—图版Ⅶ

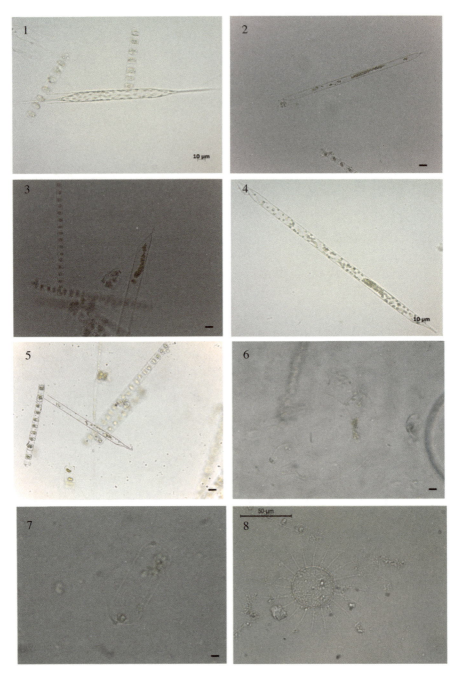

1—刚毛根管藻（*Rhizosolenia setigera*）；2～3—笔尖根管藻（*Rhizosolenia styliformis*）；4～5—翼根管藻（*Rhizosolenia alata*）；6—斯氏根管藻（*Rhizosolenia stolterfothii*）；7—中华根管藻（*Rhizosolenia sinensis*）；8—透明辐杆藻（*Bacteriastrum hyalinum*），为壳面观，示端细胞。

中心硅藻类—图版 Ⅷ

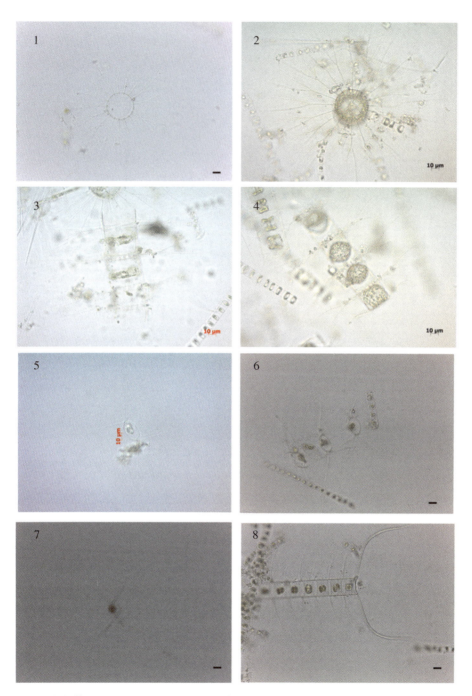

1～2—透明辐杆藻（*Bacteriastrum hyalinum*），为壳面观，示中间细胞；3～4—透明辐杆藻（*Bacteriastrum hyalinum*），带面观，示细胞链；5～7—角毛藻（*Chaetoceros* sp.），为壳面观；8—窄隙角毛藻（*Chaetoceros affinis*）。

中心硅藻类—图版 IX

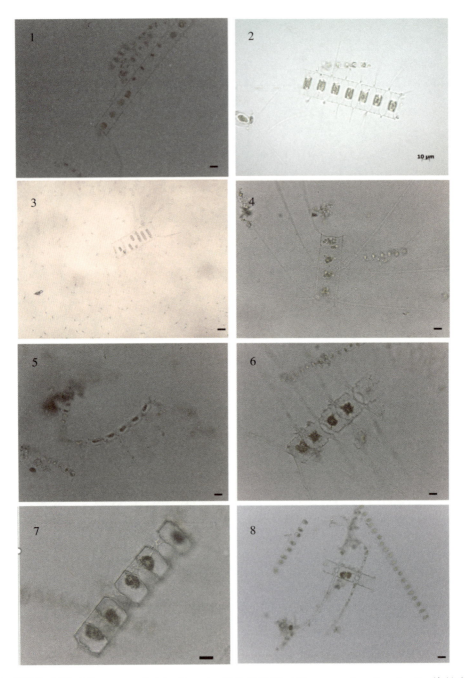

1—窄隙角毛藻（*Chaetoceros affinis*）；2～4—洛氏角毛藻（*Chaetoceros lorenzianus*）；5—旋链角毛藻（*Chaetoceros curvisetus*）；6—齿角毛藻（*Chaetoceros denticulatus*），为宽环面观；7—齿角毛藻（*Chaetoceros denticulatus*），为窄环面观；8—齿角毛藻瘦胞变形。

中心硅藻类—图版 X

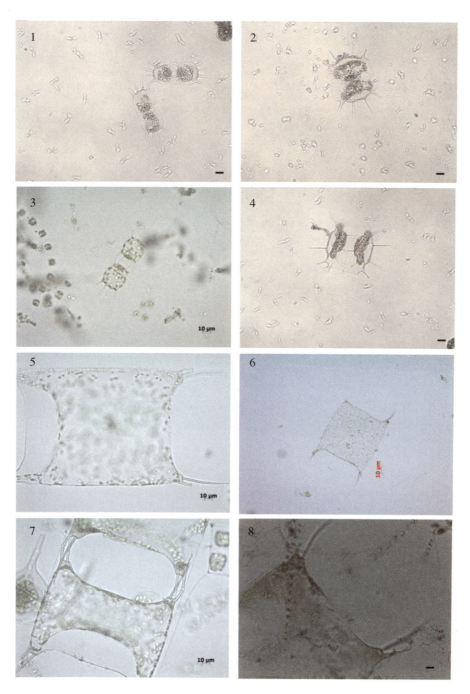

1～4—活动盒形藻（*Biddulphia mobiliensis*）；5～6—中国盒型藻（*Biddulphia sinensis*）；7～8—盒形藻（*Biddulphia* sp.）。

中心硅藻类—图版 XI

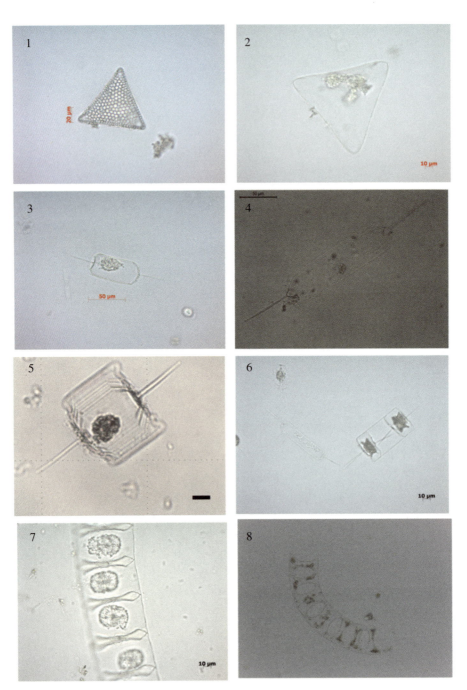

1—蜂窝三角藻（*Triceratium favus*）；2—双尾藻（*Ditylum* sp.），为壳面观；3～4—布氏双尾藻（*Ditylum brightwellii*）；5—太阳双尾藻（*Ditylum sol*）；6—布氏双尾藻（*Ditylum brightwellii*），太阳双尾藻（*Ditylum sol*）；7—锤状中鼓藻（*Bellerochea malleus*）；8—短角弯角藻（*Eucampia zodiacus*）。

羽纹硅藻类—图版 I

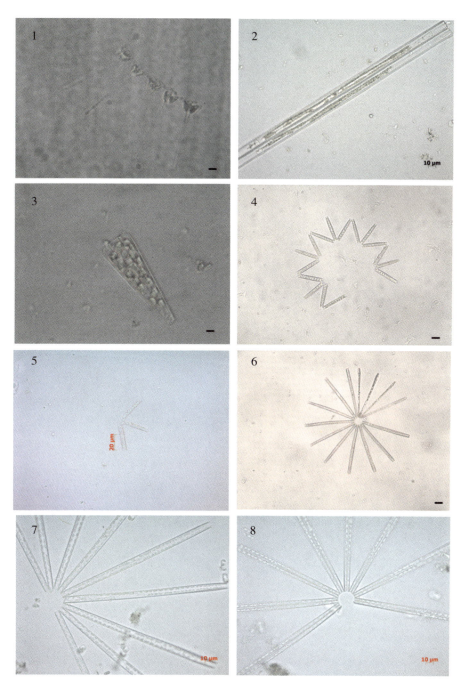

1—冰河拟星杆藻（*Asterionellopsis glacialis*）；2—针杆藻（*Synedra* sp.）；3—短楔形藻（*Licmophora abbreviata*）；4～5—菱形海线藻（*Thalassionema nitzschioides*）；6～8—佛氏海毛藻（*Thalassiothrix frauenfeldii*）。

羽纹硅藻类—图版 Ⅱ

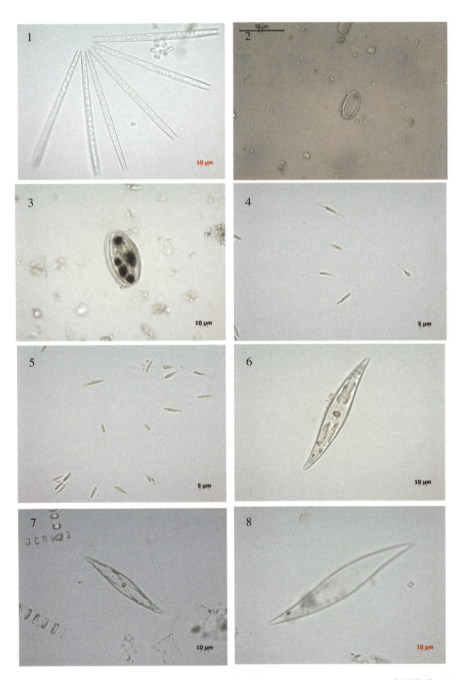

1—佛氏海毛藻（*Thalassiothrix frauenfeldii*）；2～3—卵形藻（*Cocconeis* sp.）；4～5—三角褐指藻（*Phaeodactylum tricornutum*）；6～8—尖布纹藻（*Gyrosigma acuminatum*）。

羽纹硅藻类—图版Ⅲ

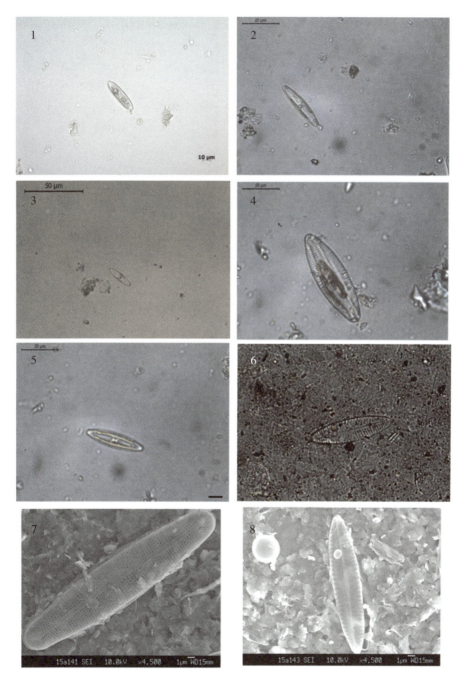

1～8—舟形藻（*Navicula* sp.）。

羽纹硅藻类—图版Ⅳ

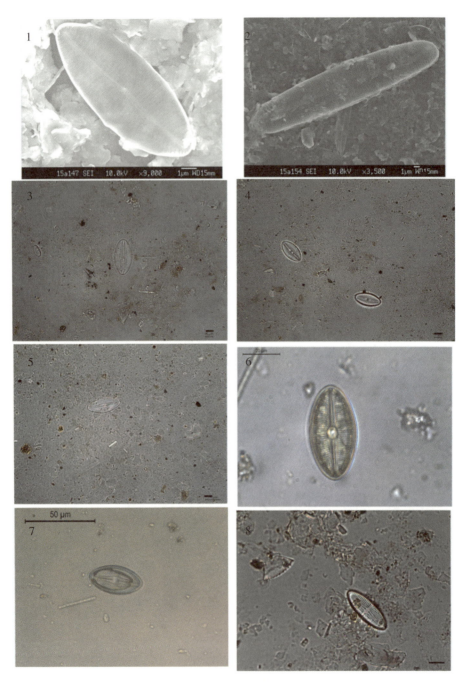

1～2—舟形藻（*Navicula* sp.）；3～7—椭圆双壁藻（*Diploneis elliptica*）；8—紫心辐节藻（*Stauroneis phoeni-centeron*）。

羽纹硅藻类—图版 V

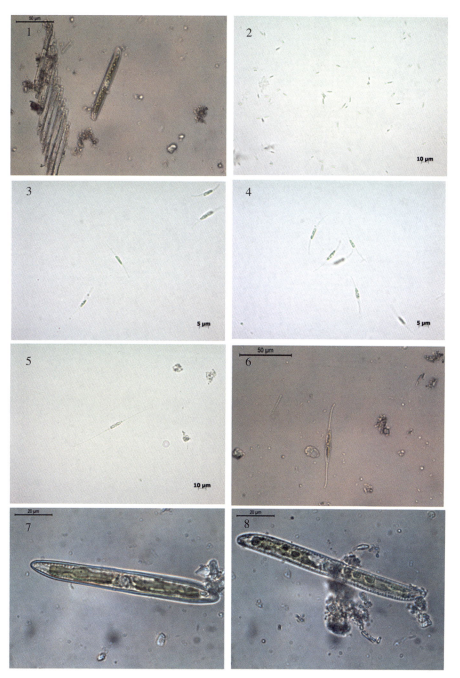

1—奇异杆状藻（*Bacillaria paradoxa*），菱形藻（*Nitzschia* sp.）；2～4—小新月菱形藻（*Nitzschia closterium*）；
5～6—新月菱形藻（*Nitzschia closterium*）；7～8—类 S 形菱形藻（*Nitzschia sigmoidea*）。

羽纹硅藻类—图版 Ⅵ

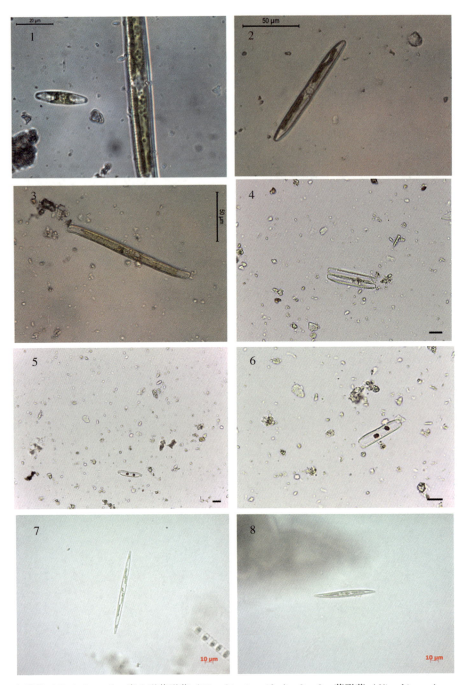

1—舟形藻（*Navicula* sp.），类 S 形菱形藻（*Nitzschia sigmoidea*）；2～8—菱形藻（*Nitzschia* sp.）。

羽纹硅藻类—图版Ⅶ

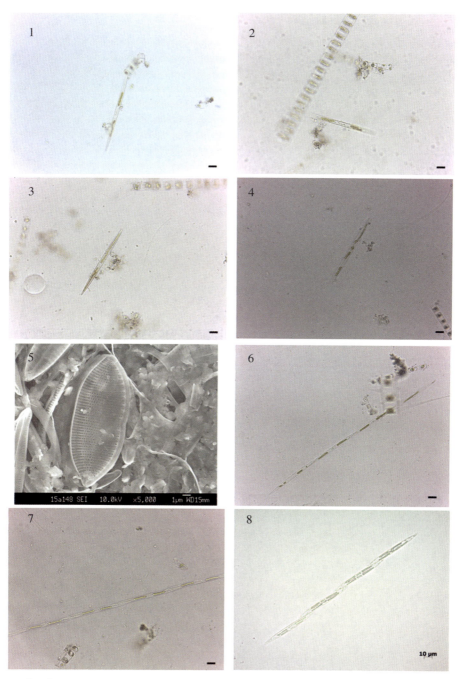

1～4—菱形藻（*Nitzschia* sp.）；5—菱形藻（*Nitzschia* sp.），为内壳面；6～8—尖刺伪菱形藻（*Pseudo-nitzschia pungens*）。

羽纹硅藻类—图版Ⅷ

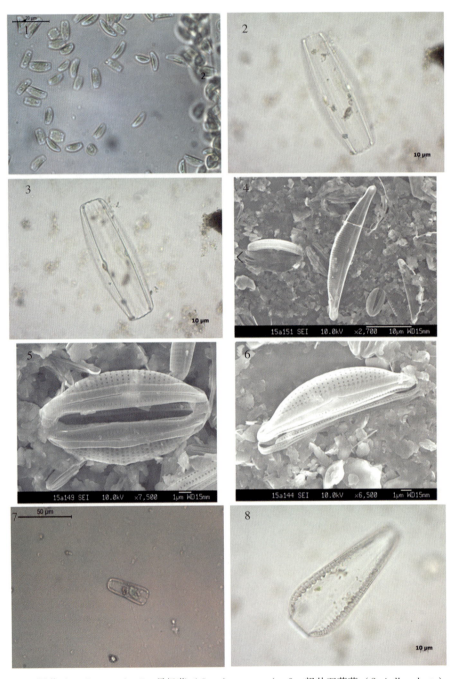

1~6—双眉藻（*Amphora* sp.）；7—异极藻（*Gomphonema* sp.）；8—粗壮双菱藻（*Surirella robusta*）。

甲藻及其他微藻类—图版 I

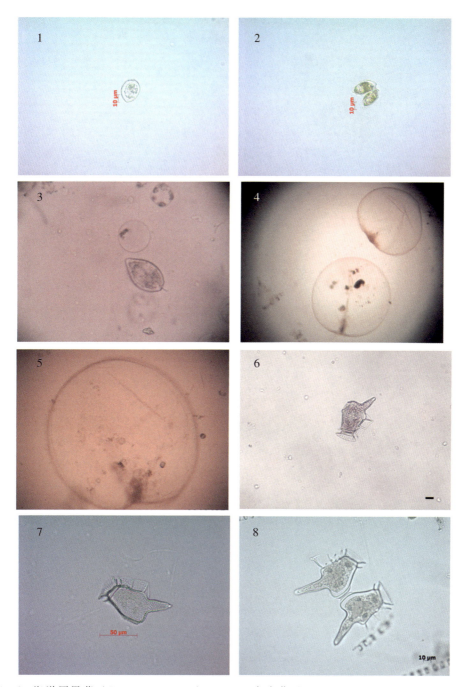

1～3—海洋原甲藻（*Prorocentrum micans*）；4～5—夜光藻（*Noctiluca scintillans*）；6～8—具尾鳍藻（*Dinophysis caudata*）。

甲藻及其他微藻类—图版 Ⅱ

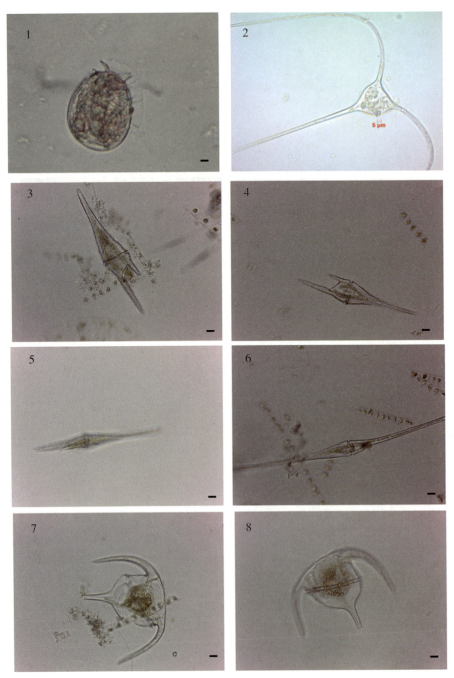

1—倒卵形鳍藻（*Dinophysis fortii*）；2—长角角藻（*Ceratium macroceros*）；3～5—叉角藻（*Ceratium furca*）；6—梭角藻（*Ceratium fusus*）；7～8—三角角藻（*Ceratium tripos*）。

甲藻及其他微藻类—图版Ⅲ

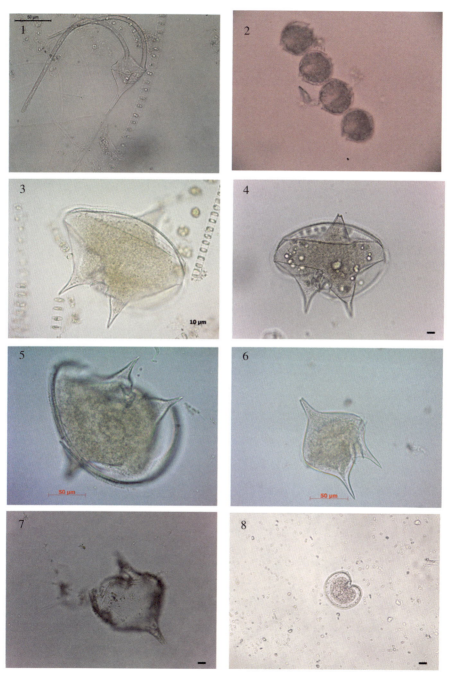

1—角藻（*Ceratium* sp.）；2—链状亚历山大藻（*Alexandrium catenella*）；3～5—扁形原多甲藻（*Protoperidinium depressum*）；6—分角原多甲藻（*Protoperidinium divergens*）；7—原多甲藻（*Protoperidinium* sp.）8—原多甲藻（*Protoperidinium* sp.），为顶面观。

甲藻及其他微藻类—图版Ⅳ

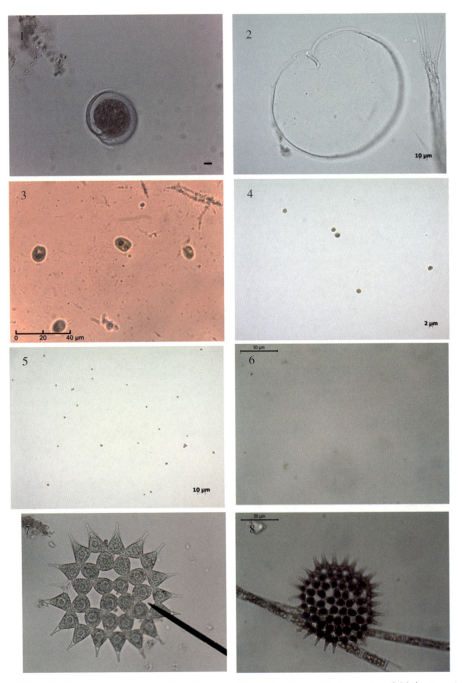

1—原多甲藻（*Protoperidinium* sp.），为顶面观；2—原多甲藻（*Protoperidinium* sp.），为甲片；3—亚心形扁藻（*Platymonas subcordiformis*）；4～5—小球藻（*Chlorella vulgaris*）；6—羊角月牙藻（*Selenastrum carpricornutum*）；7—卵形盘星藻（*Pediastrum ovatum*）；8—具孔盘星藻（*Pediastrum clathratum*）。

甲藻及其他微藻类—图版 V

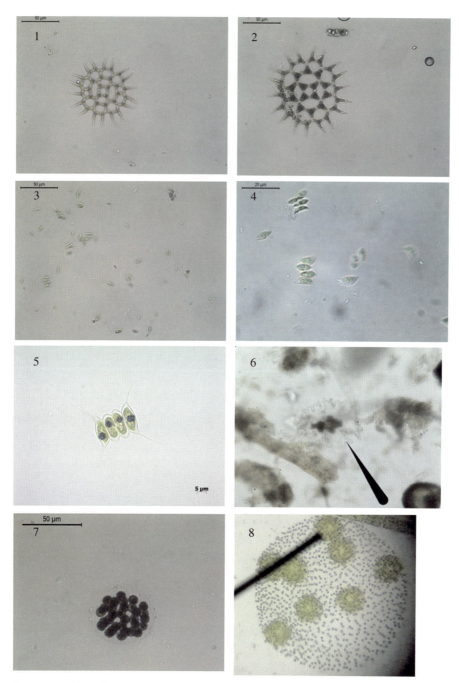

1—单角盘星藻对突变种（*Pediastrum simplex* var. *biwaeuse*）；2—单角盘星藻具孔变种（*Pediastrum simplex* var. *duodenarium*）；3~4—斜生栅藻（*Scenedesmus obliqnus*）；5—四尾栅藻（*Scenedesmus quadricauda*）；6—鼓藻（*Cosmarium* sp.）；7—空球藻（*Eudorina elegans*）；8—非洲团藻（*Volvox africanus*）。

甲藻及其他微藻类—图版Ⅵ

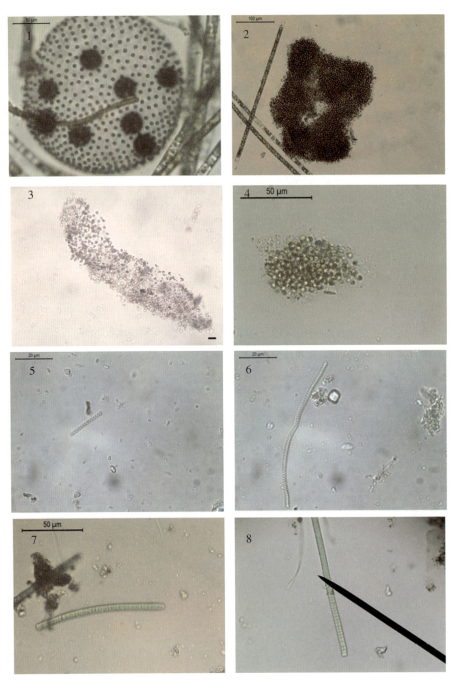

1—非洲团藻（*Volvox africanus*）；2～4—微囊藻（*Microcystis* sp.）；5～6—螺旋藻（*Spirulina* sp.）；7～8—庞氏颤藻（*Oscillatoria bannemaisonii*）。

甲藻及其他微藻类—图版Ⅶ

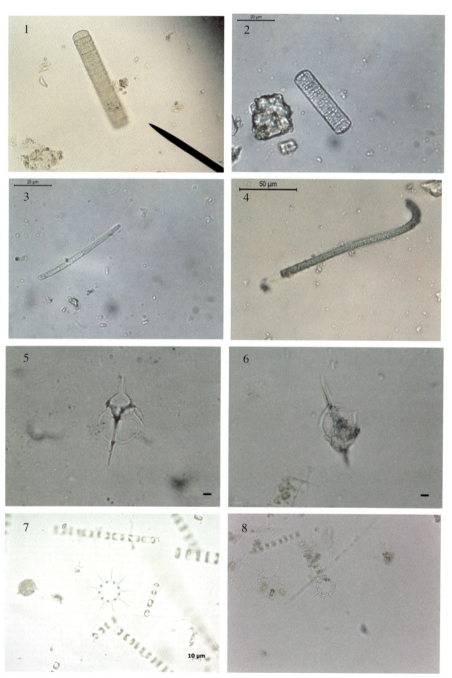

1～2—丰裕颤藻（*Oscillatoria limosa*）；3—席藻（*Phormidium* sp.）；4—鞘丝藻（*Lyngbya* sp.）；5～6—小等刺硅鞭藻（*Dictyocha fibula*）；7～8—六异刺硅鞭藻（*Distephanus speculum*）。

第二节 海洋大型藻类

大型红藻类—图版 I

1—条斑紫菜（*Pyropia yezoensis*）；2—坛紫菜（*Pyropia haitanensis*）；3—海萝（*Gloiopeltis furcata*）；4—扇形叉枝藻（*Gymnogongrus flabelliformis*）；5—石花菜（*Gelidium amansii*）；6—真江蓠（*Gracilaria vermiculophylla*）；7—蜈蚣藻（*Grateloupia filicina*）；8—舌状蜈蚣藻（*Grateloupia livida*）。

大型红藻类—图版 Ⅱ

1—珊瑚藻（*Corallina officinalis*）；2—错综红皮藻（*Rhodymenia intricata*）；3～5—乳节藻（*Dichotomaria* sp.）；6—凹顶藻（*Laurencia* sp.）；7—鱼栖苔（*Acanthophora* sp.）；8—红毛菜（*Bangia* sp.）。

褐藻类—图版 I

1—巨藻（*Macrocystis* sp.）；2—海带（*Laminaria japonica*）；3—裙带菜（*Undaria pinnatifida*）；4~5—网地藻（*Dictyota dichotoma*）；6—叉开网地藻（*Dictyota divaricata*）；7—海蒿子（*Sargassum confusum*）；8—团扇藻（*Padina crassa*）。

褐藻类—图版 Ⅱ

1～2—鼠尾藻（*Sargarssum thunbergii*）；3—羊栖菜（*Sargassum fusiforme*）；4—马尾藻（*Sargassum* sp.）；5—西沙团扇藻（*Padina crassa*）；6—喇叭藻（*Turbinaria* sp.）；7—昆布（*Ecklonia kurome*）；8—自然生长中的团扇藻（*Padina crassa*）。

大型绿藻类—图版 I

1—团刚毛藻（*Cladophora glomerata*）；2—礁膜（*Monostroma nitidum*）；3—蛎菜（*Ulva conglobata*）；4—孔石莼（*Ulva pertusa*）；5～6—羽藻（*Bryopsis plumosa*）；7—浒苔（*Ulva prolifera*）；8—肠浒苔（*Ulva intestinalis*）。

大型绿藻类—图版 Ⅱ

1~2—总状蕨藻（*Caulerpa racemosa*）；3—刺松藻（*Codium fragile*）；4—长松藻（*Codium cylindricum*）；5~7—仙掌藻（*Halimeda* sp.）；8—网球藻（*Dictyosphaeria* sp.）。

第三节 海草

1～2—喜盐草（*Halophila ovata*）；3—针叶草（*Syringodium isoetifolium*）；4—单脉二药草（*Halodule uninervis*）；5—针叶草（*Syringodium isoetifolium*）；6—圆叶丝粉草（*Cymodocea rotundata*）；7—海菖蒲（*Enhalus acoroides*）；8—泰来藻（*Thalassia hemprichii*）。

第四节 红树植物

真红树植物—图版 I

1~2—红海榄（*Rhizophora stylosa*）；3~4—角果木（*Ceriops tagal*）；5~6—木榄（*Bruguiera gymnorrhiza*）；7~8—秋茄（*Kenaeliacandel*）。

真红树植物—图版 Ⅱ

1～2—海桑（*Sonneratia caseolaris*）；3～4—无瓣海桑（*Sonneratia apetala*）；5～6—白骨壤（*Aricennia marina*）；7～8—桐花树（*Aegiceras corniculatum*）。

真红树植物—图版Ⅲ

1～3—老鼠簕（*Acanthus ilicifolius*）；4～6—木果楝（*Xylocarpus granatum*）。

真红树植物—图版Ⅳ

1～3—海漆（*Excoecaria agallocha*）；4—红榄李（*Lumnitzera littorea*）；5～6—卤蕨（*Acrostichum aureum*）。

半红树植物—图版 I

1—银叶树（*Heritiera littoralis*）；2—黄槿（*Hibiscus tiliaceus*）；3—苦郎树/许树（*Clerodendrum inerme*）；4—草海桐（*Scaevola taccada*）；5～6—玉蕊（*Barringtonia racemose*）。

半红树植物—图版 Ⅱ

1～2—水黄皮（*Pongamia pinnata*）；3～4—海杧果（*Cerbera manghas*）；5～6—阔苞菊（*Pluchea indica*）。

参 考 文 献

[1] 钱树本. 海藻学［M］. 青岛：中国海洋大学出版社，2014.

[2] Water quality – Marine algal growth inhibition test with Skeletonema sp. and Phaeodactylumtricornutum：ISO 10253：2016［S/OL］.［2016 – 11 – 29］. https：//www. iso. org/standard/66657. html.

[3] Water quality-Guidelines for algal growth inhibition tests with poorly soluble materials, volatile compounds, metals and waste water：ISO 14442：2006.［S/OL］.［2006 – 04 – 29］. https：//www. iso. org/standard/34814. html.

[4] 叶创兴，冯虎元. 植物学实验指导［M］. 北京：清华大学出版社，2006.

[5] 王全喜，曹建国，刘妍，等. 上海九段沙湿地自然保护区及其附近水域藻类图集［M］. 北京：科学出版社，2008.

[6] 郭玉洁，中国科学院中国孢子植物志编辑委员会. 中国海藻志：第五卷：硅藻门：第一册：中心纲［M］. 北京：科学出版社，2003.

[7] 程兆第，高亚辉，中国科学院中国孢子植物志编辑委员会. 中国海藻志：第五卷：硅藻门：第二册：羽纹纲Ⅰ：等片藻目曲壳藻目褐指藻目短缝藻目［M］. 北京：科学出版社，2012.

[8] 程兆第，高亚辉，中国科学院中国孢子植物志编辑委员会. 中国海藻志：第五卷：硅藻门：第三册：羽纹纲Ⅱ：舟形藻目［M］. 北京：科学出版社，2013.

[9] 李 R E. 藻类学［M］. 段德麟，胡自民，胡征宇，等译. 北京：科学出版社，2012.

[10] 胡鸿钧，魏印心. 中国淡水藻类：系统、分类与生态［M］. 北京：科学出版社，2006.

[11] 刘国祥，胡征宇，中国科学院中国孢子植物志编辑委员会. 中国淡水藻志：第15卷：绿藻门：绿球藻目（下）四胞藻目叉管藻目刚毛藻目［M］. 北京：科学出版社，2012.

[12] 夏邦美，中国科学院中国孢子植物志编辑委员会. 中国海藻志：第一卷：蓝藻门［M］. 北京：科学出版社，2017.

[13] 林永水. 中国海藻志：第六卷：甲藻门：第一册：甲藻纲角藻科［M］. 北京：科学出版社，2009.

[14] 金德祥, 程兆第, 林均民, 等. 中国海洋底栖硅藻类：上卷［M］. 北京：海洋出版社, 1982.

[15] 中华人民共和国国家质量监督检验检疫总局, 中国国家标准化管理委员. 中华人民共和国国家标准海洋调查规范：第 6 部分：海洋生物调查：GB/T 12763.6—2007［S］. 北京：中国标准出版社, 2008.

[16] 中华人民共和国国家质量监督检验检疫总局, 中国国家标准化管理委员. 中华人民共和国国家标准海洋监测规范：第 7 部分：近海污染生态调查和生物监测：GB 17378.7—2007［S］. 北京：中国标准出版社, 2008.

[17] 刘涛. 大型海藻实验技术［M］. 北京：海洋出版社, 2016.

[18] 中国科学院中国植物志编辑委员会. 中国植物志［M］. 北京：科学出版社, 1992.

[19] 国家海洋局 908 专项办公室. 海洋水文气象调查技术规程［M］. 北京：海洋出版社, 2006.

[20] 国家海洋局. 中华人民共和国海洋行业标准海草床生态监测技术规程：HY/T 083—2005［S］. 北京：中国标准出版社, 2008.

[21] 国家海洋局. 中华人民共和国海洋行业标准海洋生物生态调查技术规程：HY/T 085—2005［S］. 北京：中国标准出版社, 2008.